1일 10분

초등 메가 계산력

1권

초등 1학년

자기 주도 학습력을 기르는 1일 10분 공부 습관!

공부가 쉬워지는 힘, 자기 주도 학습력!

자기 주도 학습력은 스스로 학습을 계획하고, 계획한 대로 실행하고, 결과를 평가하는 과정에서 향상됩니다.
이 과정을 매일 반복하여 훈련하다 보면 주체적인 학습이 가능해지며 이는 곧 공부 자신감으로 연결됩니다.

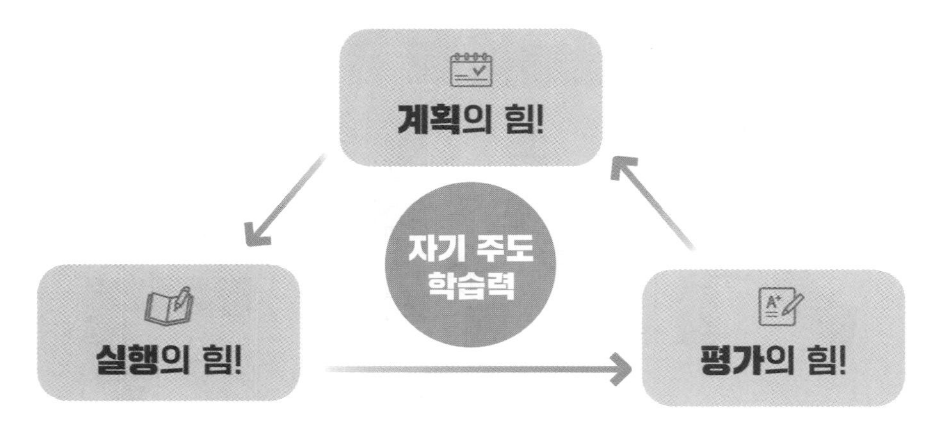

1일 10분 시리즈의 3단계 학습 로드맵

〈1일 10분〉 시리즈는 계획, 실행, 평가하는 3단계 학습 로드맵으로 자기 주도 학습력을 향상시킵니다.
또한 1일 10분씩 꾸준히 학습할 수 있는 **부담 없는 학습량으로 매일매일 공부 습관이 형성**됩니다.

1단계 학습 계획하기

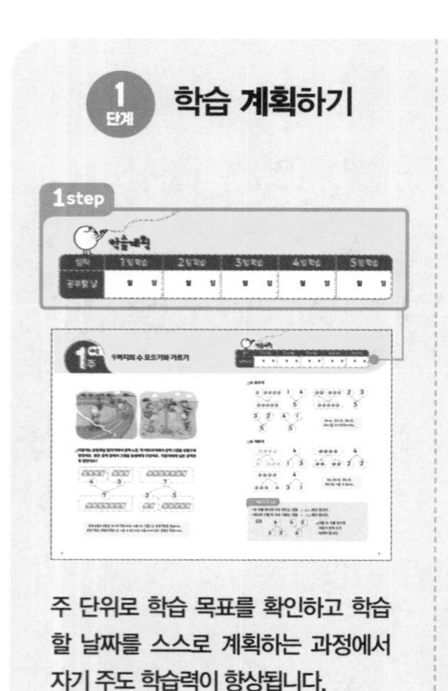

주 단위로 학습 목표를 확인하고 학습할 날짜를 스스로 계획하는 과정에서 자기 주도 학습력이 향상됩니다.

2단계 학습 실행하기

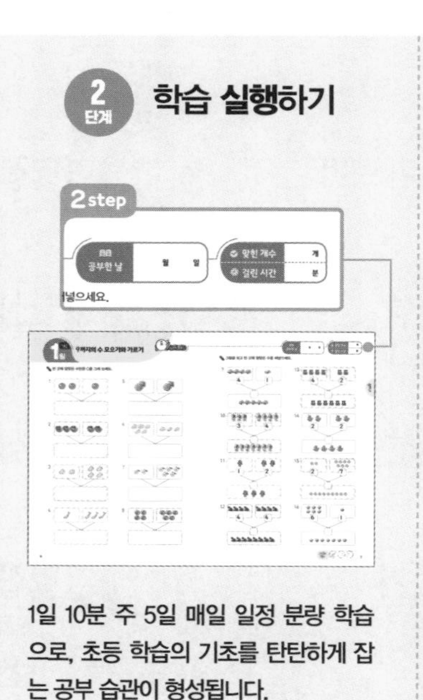

1일 10분 주 5일 매일 일정 분량 학습으로, 초등 학습의 기초를 탄탄하게 잡는 공부 습관이 형성됩니다.

3단계 결과 평가하기

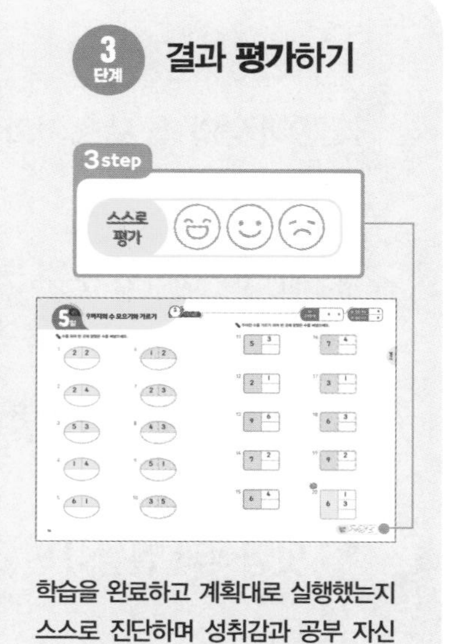

학습을 완료하고 계획대로 실행했는지 스스로 진단하며 성취감과 공부 자신감이 길러집니다.

구성과 특징

1일 10분 초등 메가 계산력

핵심 개념

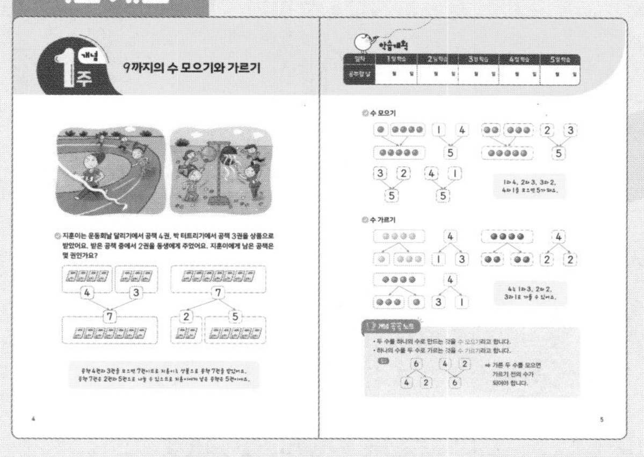

교과서 개념을 바탕으로 연산 원리를 쉽고 재미있게 이해할 수 있습니다.

연산 연습과 반복

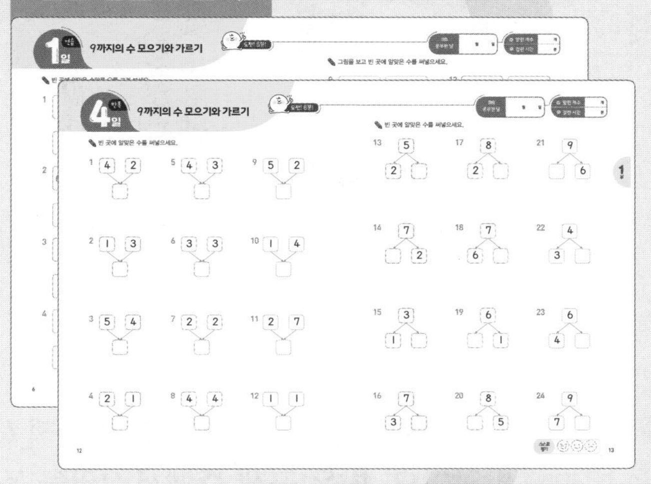

1일 10분 매일 공부하는 습관으로 연산 실력을 키울 수 있습니다.

연산 응용 학습

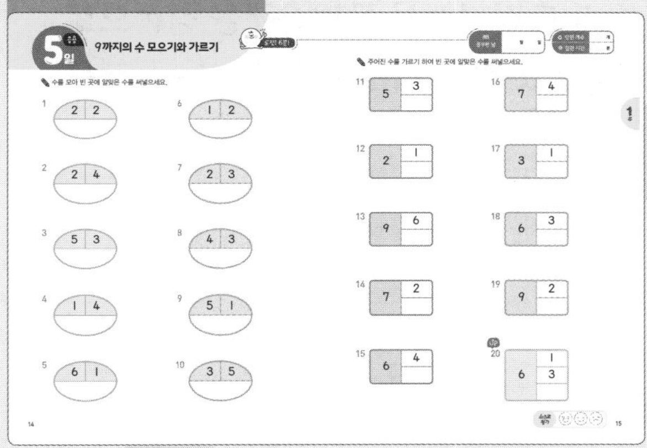

생각하며 푸는 연산으로 계산 원리를 완벽하게 이해할 수 있습니다.

생각 수학

한 주 동안 공부한 연산을 활용한 문제로 수학적 사고력과 창의력을 키울 수 있습니다.

9까지의 수 모으기와 가르기

지훈이는 운동회날 달리기에서 공책 4권, 박 터트리기에서 공책 3권을 상품으로 받았어요. 받은 공책 중에서 2권을 동생에게 주었어요. 지훈이에게 남은 공책은 몇 권인가요?

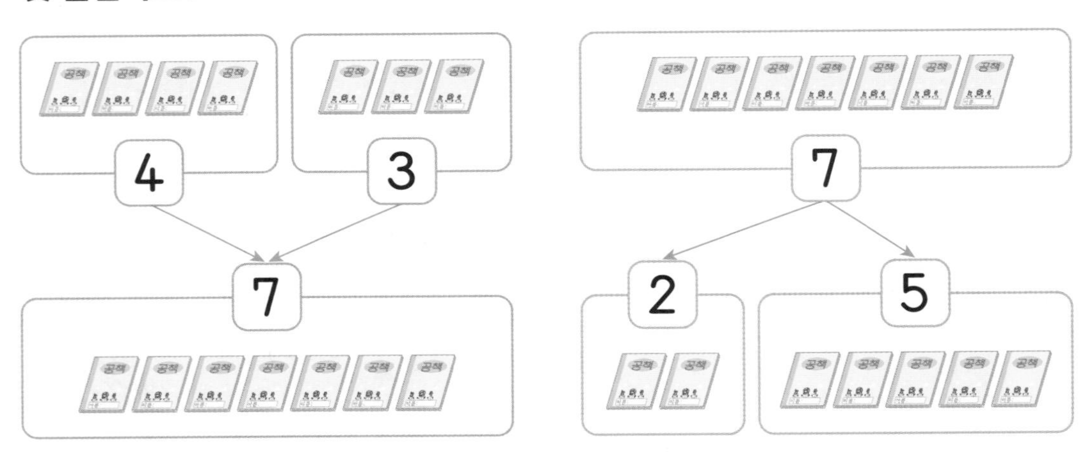

공책 4권과 3권을 모으면 7권이므로 지훈이는 상품으로 공책 7권을 받았어요.
공책 7권은 2권과 5권으로 나눌 수 있으므로 지훈이에게 남은 공책은 5권이에요.

일차	1일 학습	2일 학습	3일 학습	4일 학습	5일 학습
공부할 날	월 일	월 일	월 일	월 일	월 일

수 모으기

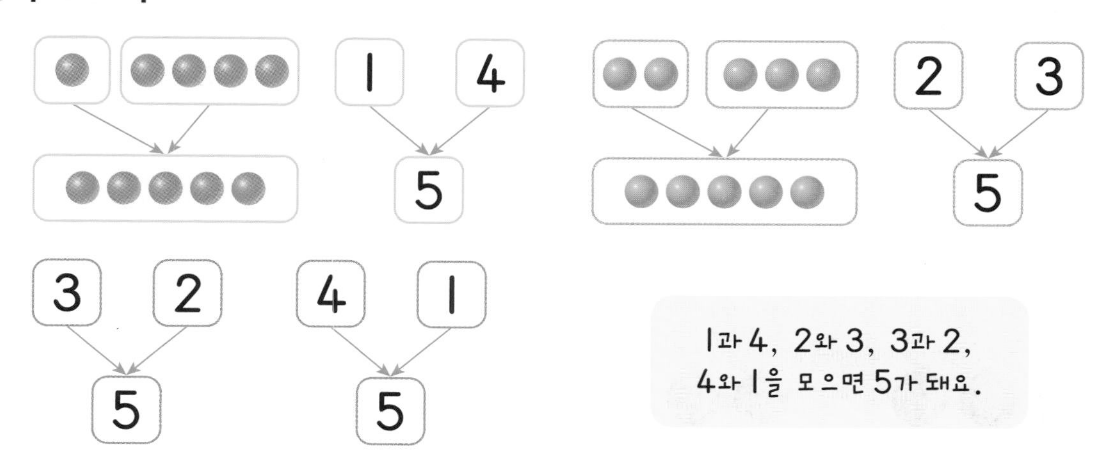

수 가르기

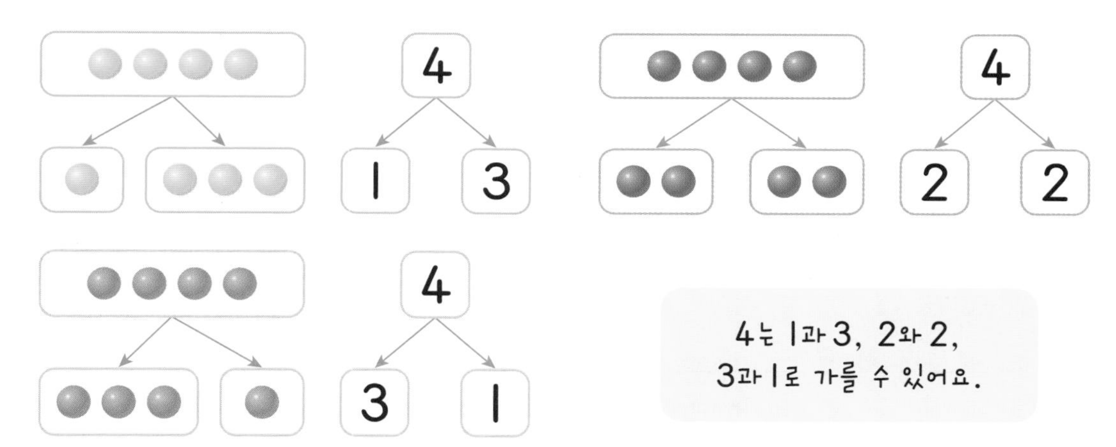

개념 쏙쏙 노트

- 두 수를 하나의 수로 만드는 것을 수 모으기라고 합니다.
- 하나의 수를 두 수로 가르는 것을 수 가르기라고 합니다.

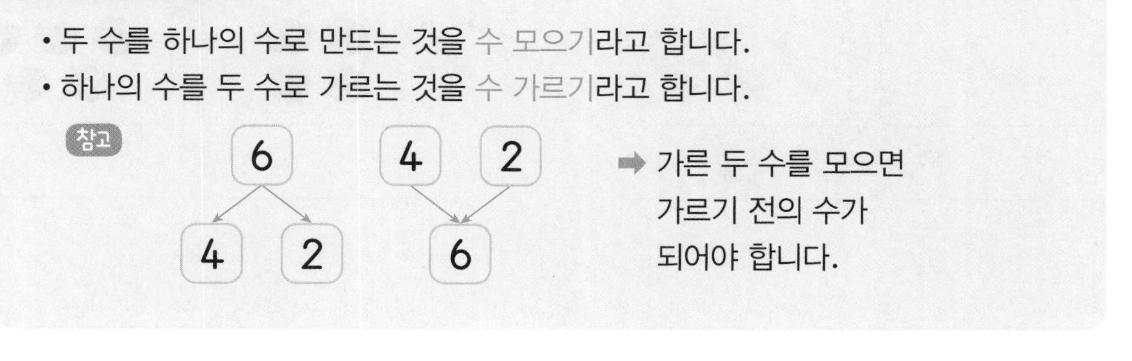

➡ 가른 두 수를 모으면 가르기 전의 수가 되어야 합니다.

9까지의 수 모으기와 가르기

✎ 빈 곳에 알맞은 수만큼 ○를 그려 보세요.

1

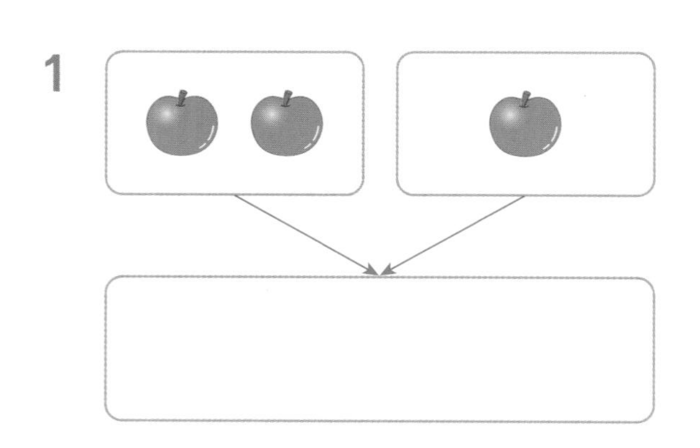

2

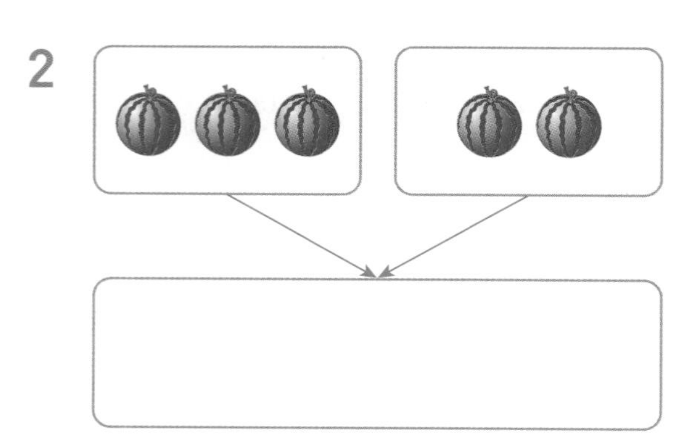

3

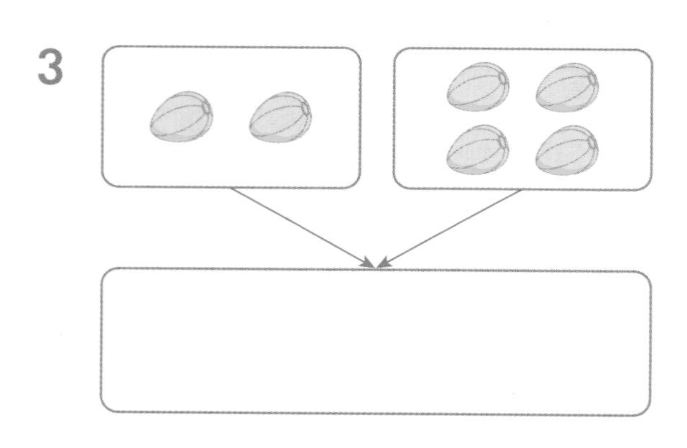

4

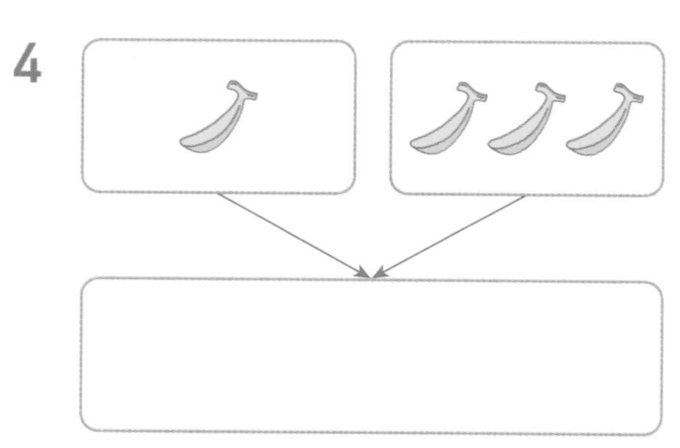

5

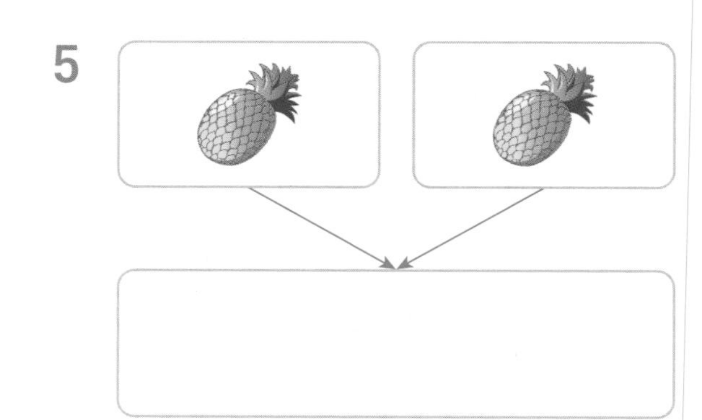

6

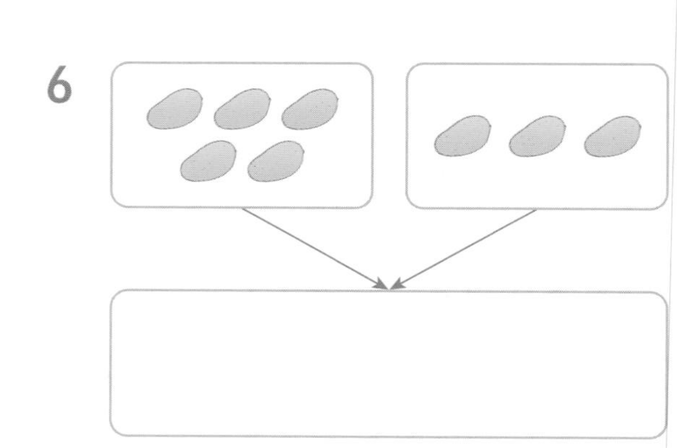

7

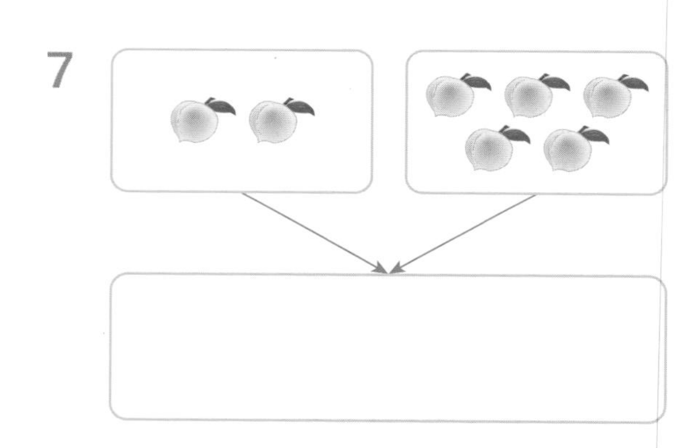

8

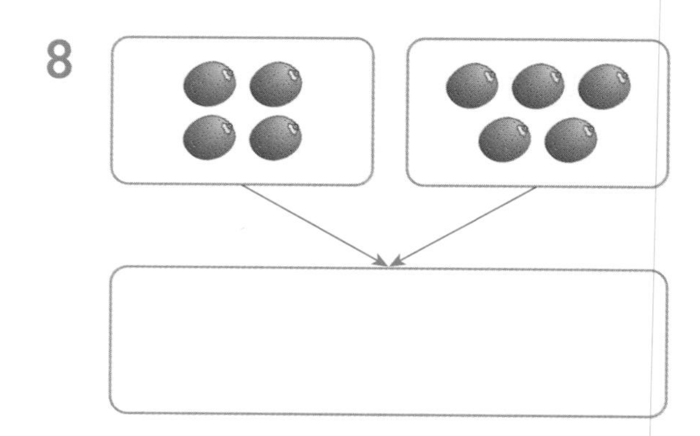

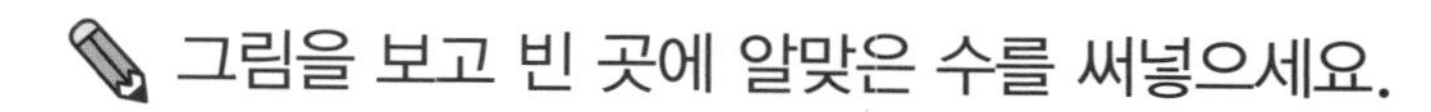

그림을 보고 빈 곳에 알맞은 수를 써넣으세요.

9

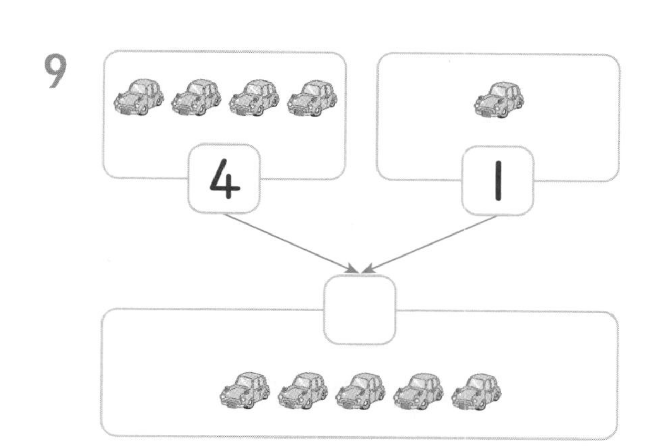

10

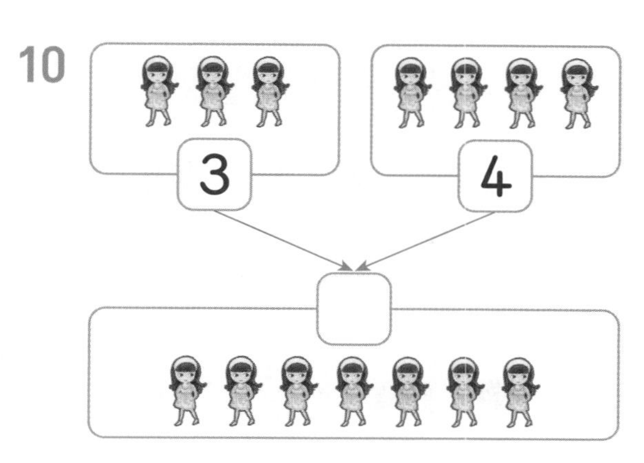

11

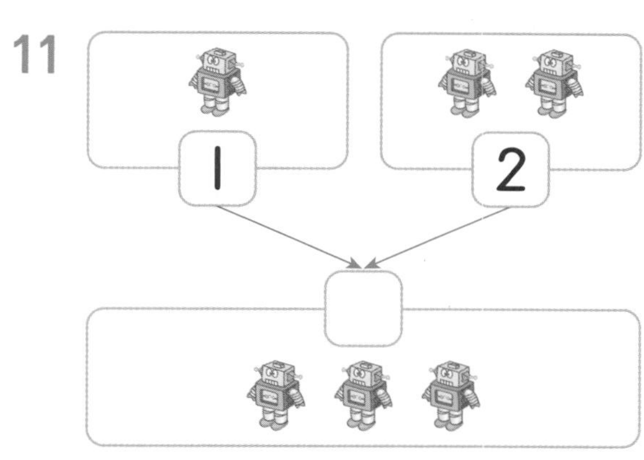

12

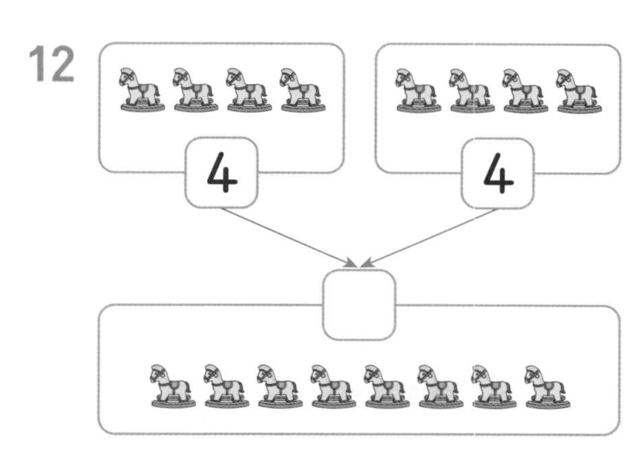

13

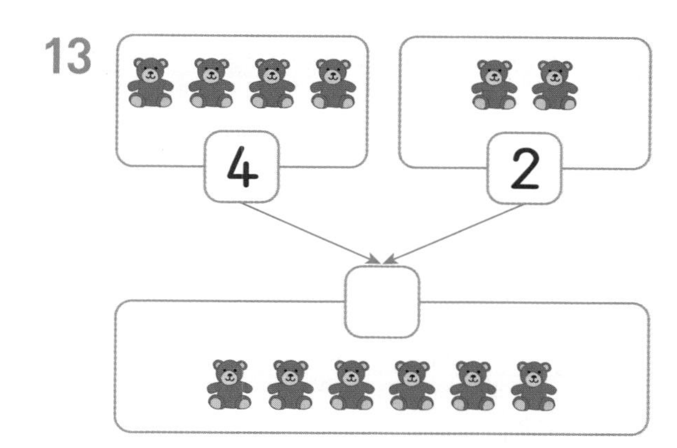

14

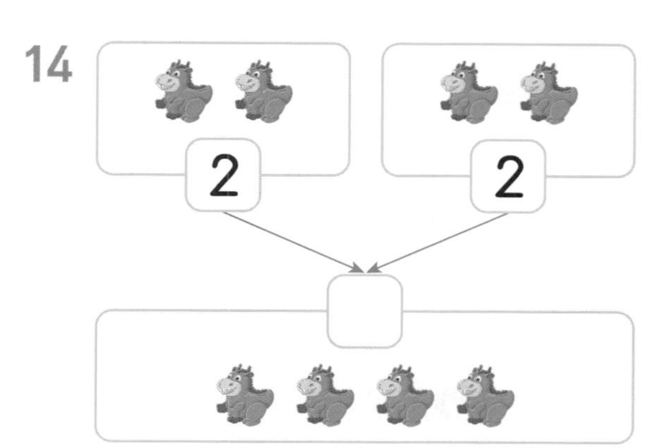

15

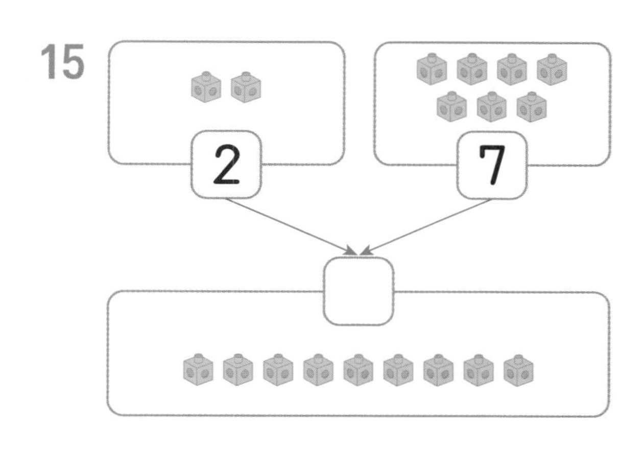

16

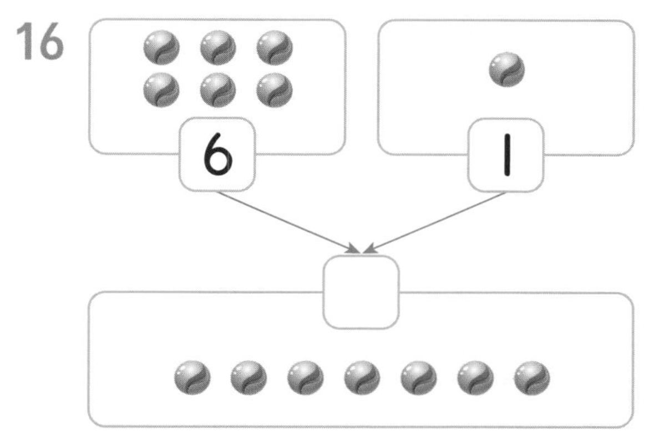

1주

스스로 평가

9까지의 수 모으기와 가르기

빈 곳에 알맞은 수만큼 ○를 그려 보세요.

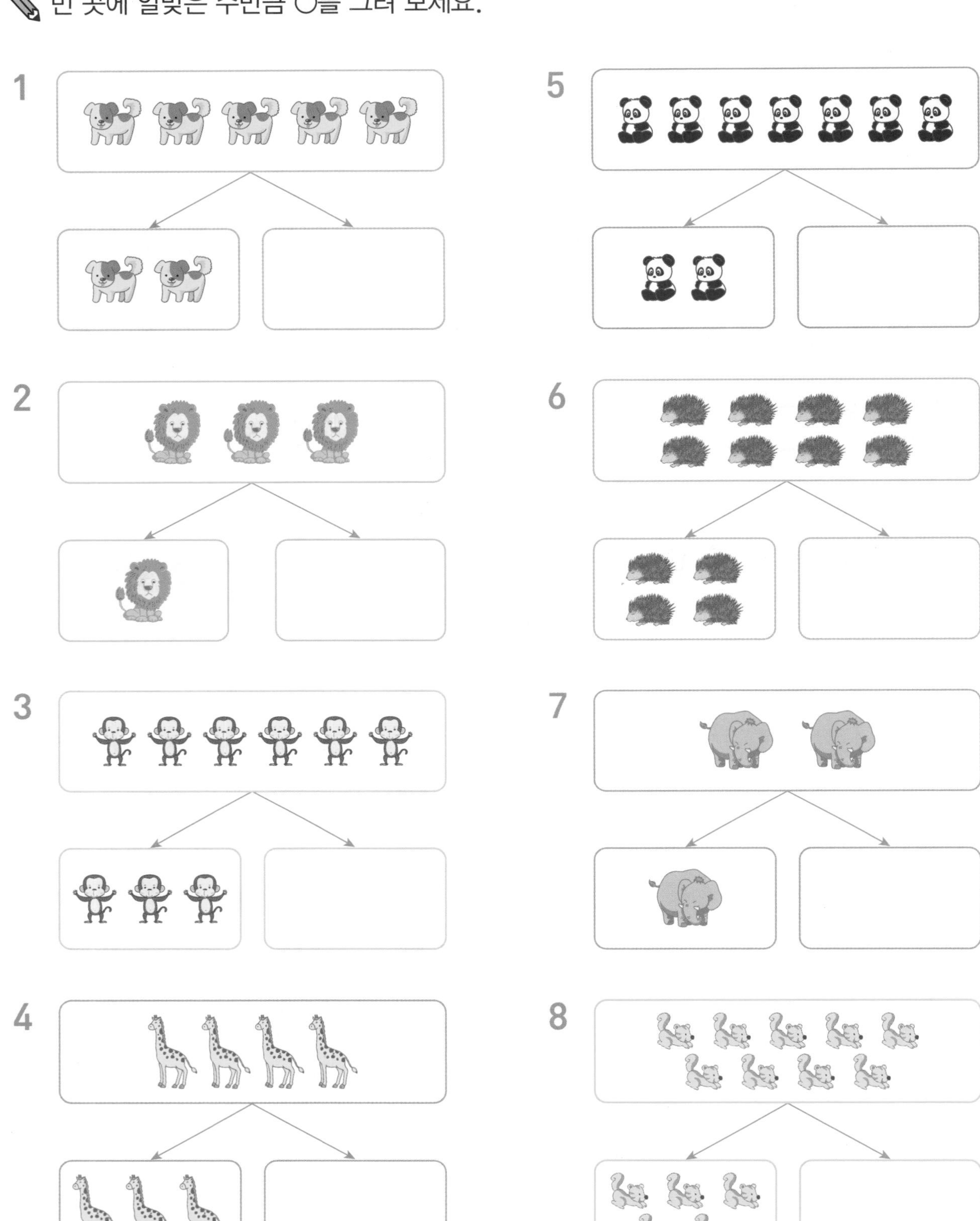

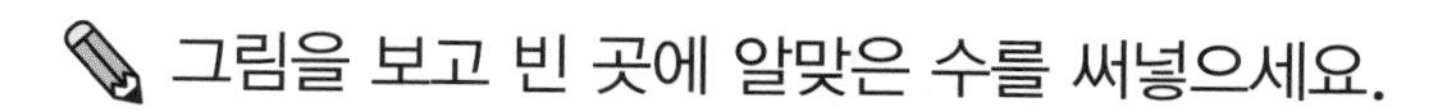

그림을 보고 빈 곳에 알맞은 수를 써넣으세요.

9

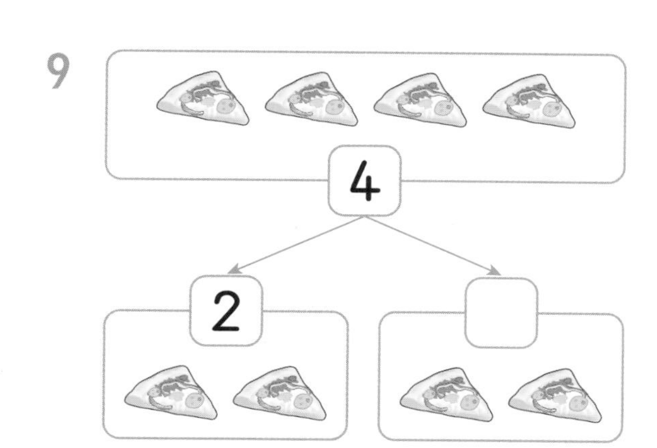

13

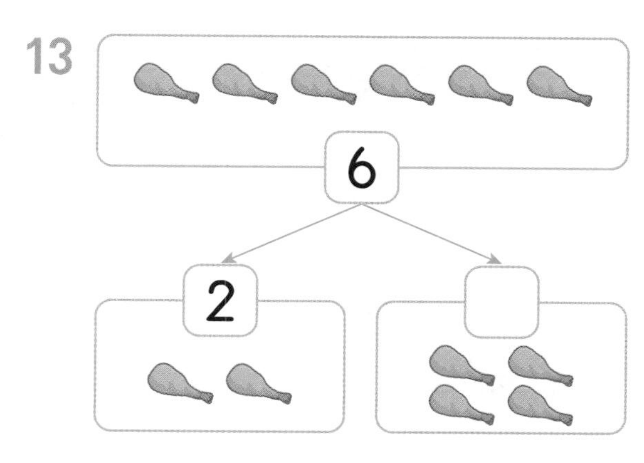

10

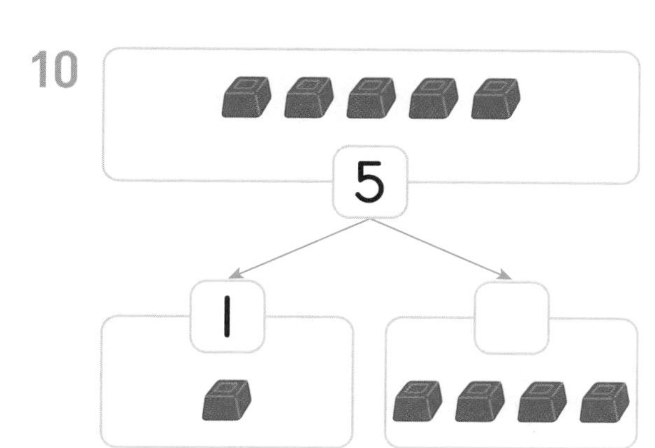

14

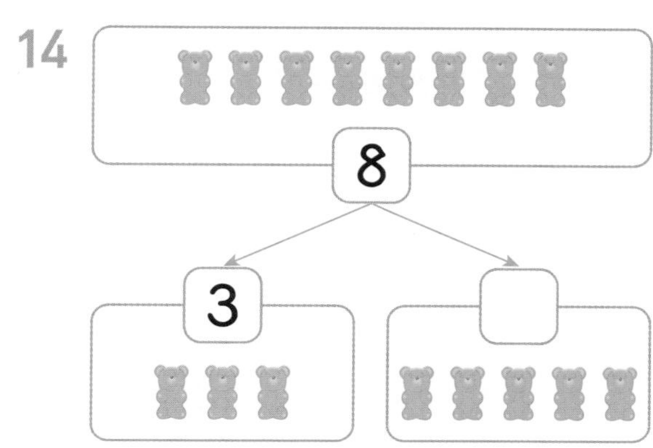

11

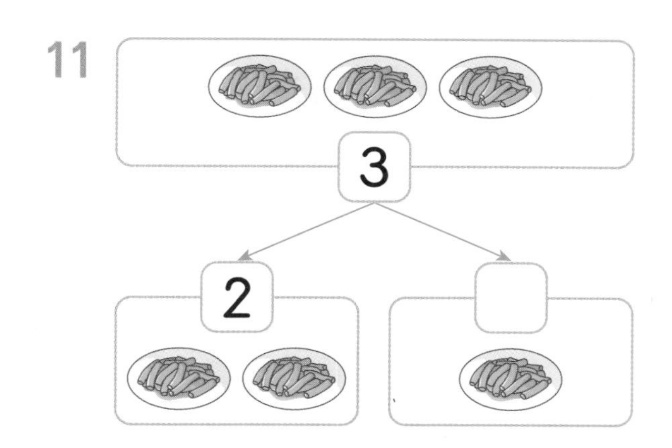

15

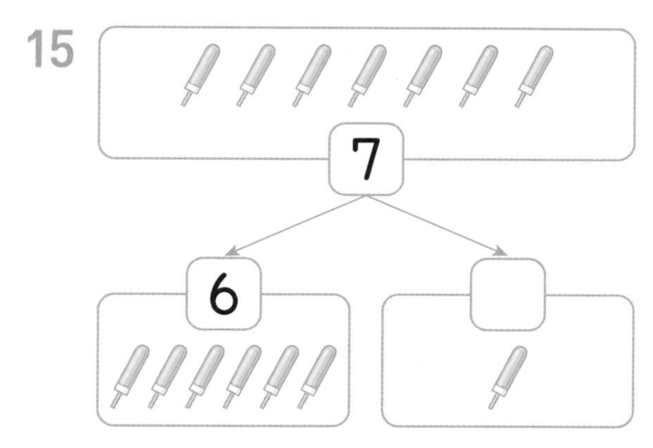

12

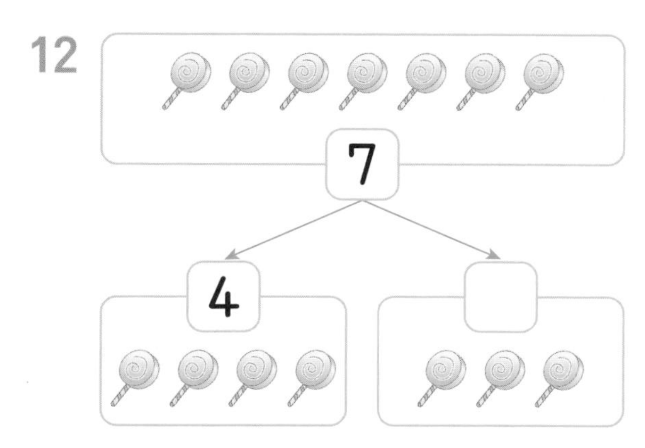

16

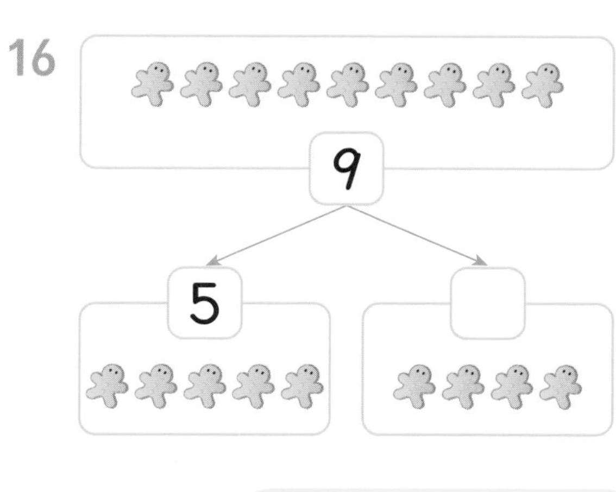

스스로 평가

9까지의 수 모으기와 가르기

빈 곳에 알맞은 수를 써넣으세요.

1
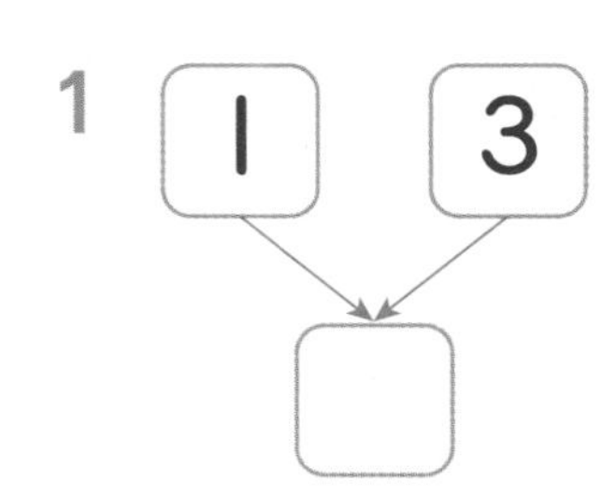

2
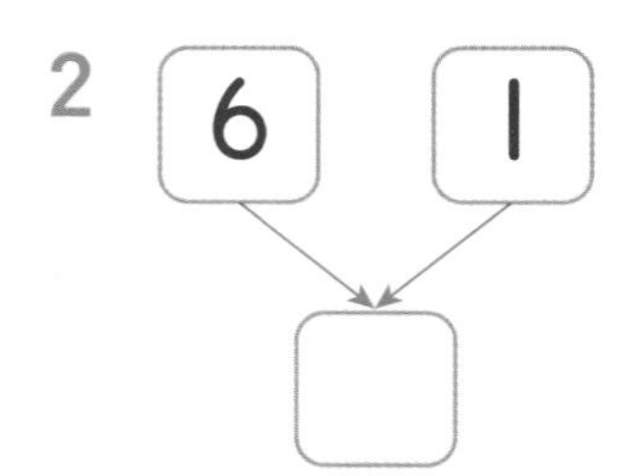

3
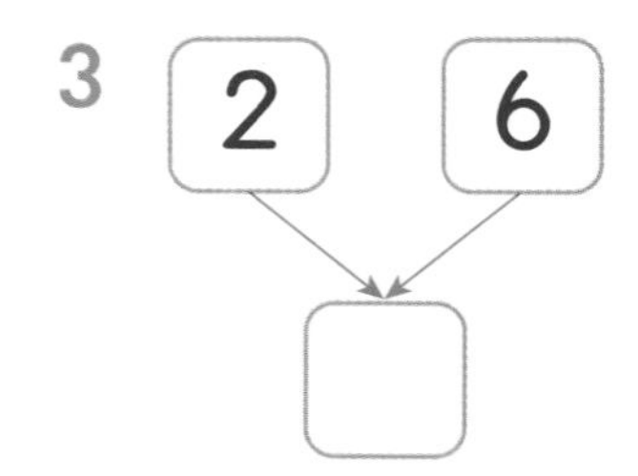

4
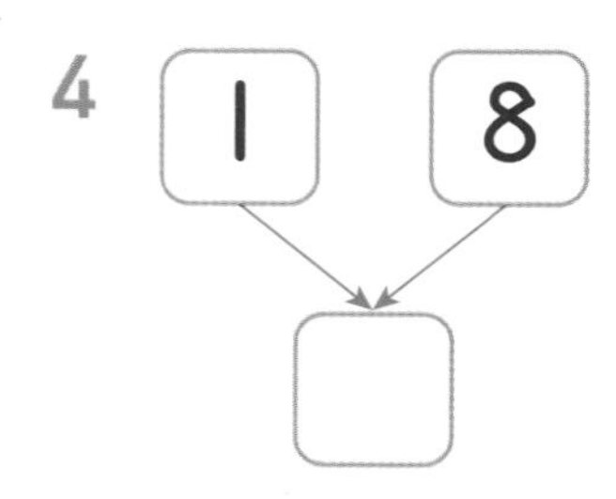

5
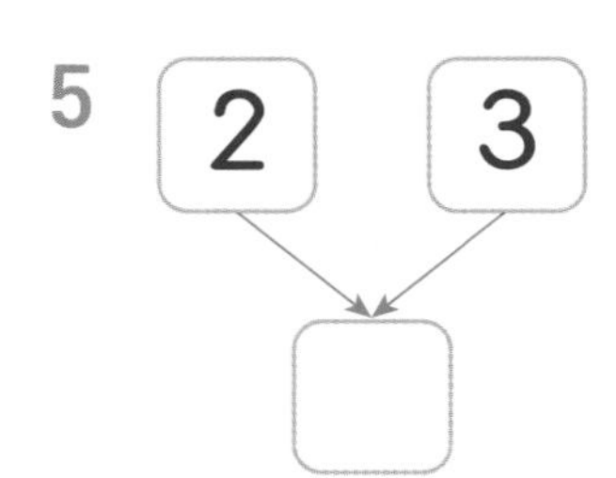

6
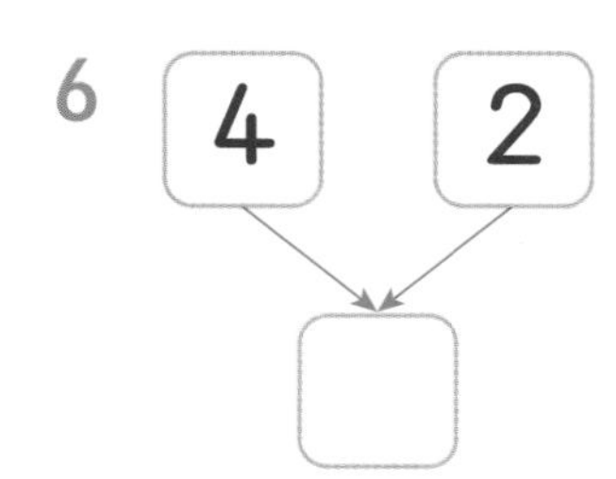

7
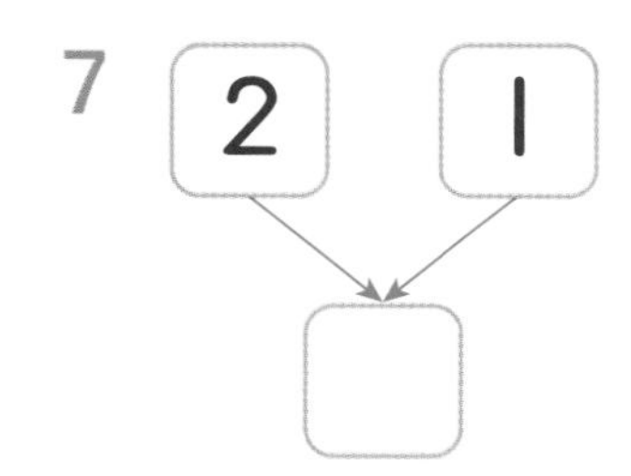

8
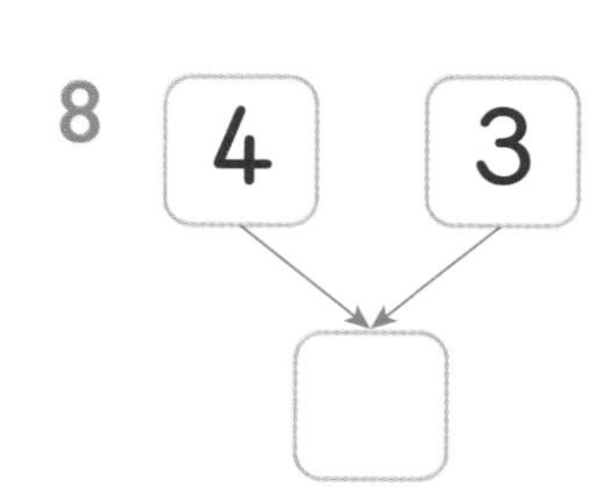

9
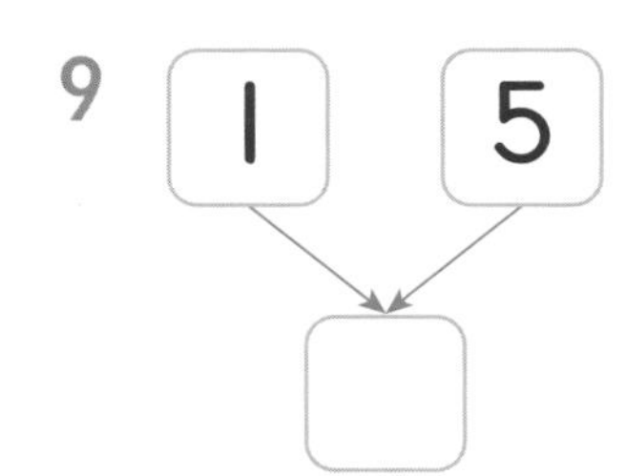

10
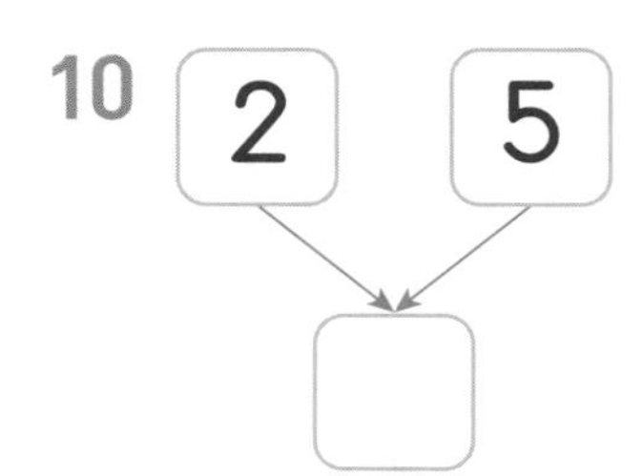

11
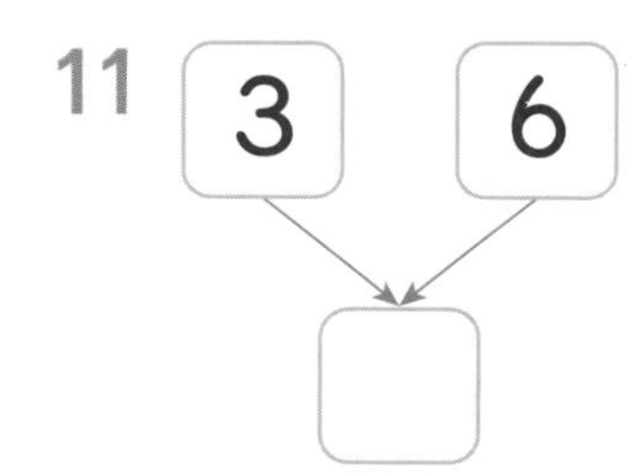

12
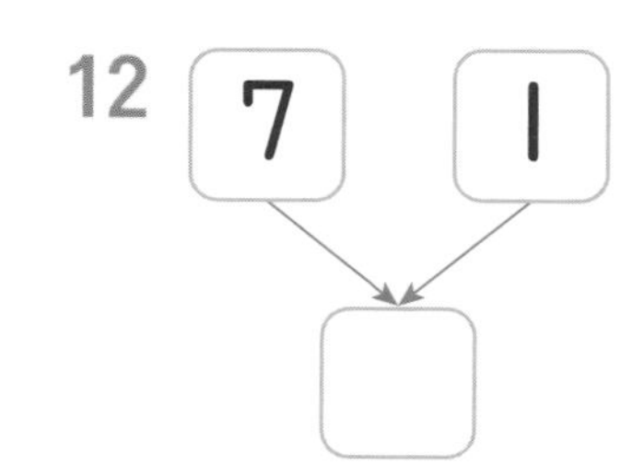

 빈 곳에 알맞은 수를 써넣으세요.

13

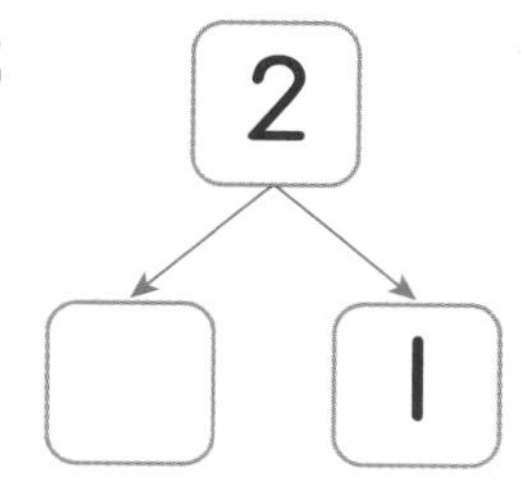

14

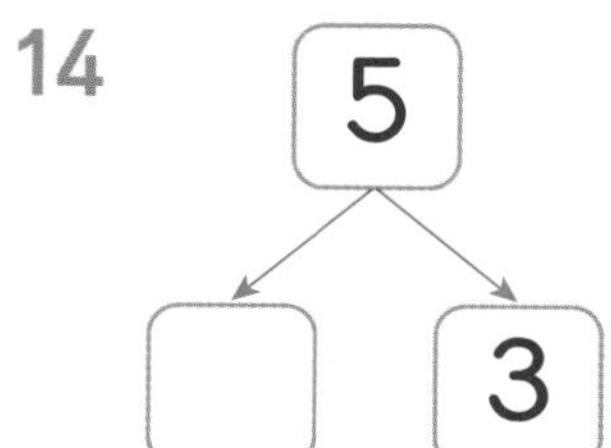

15

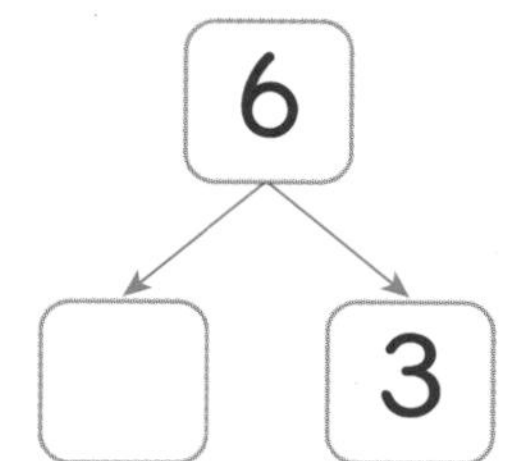

16

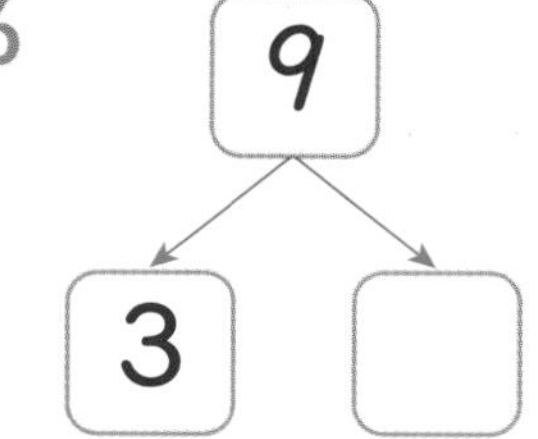

17

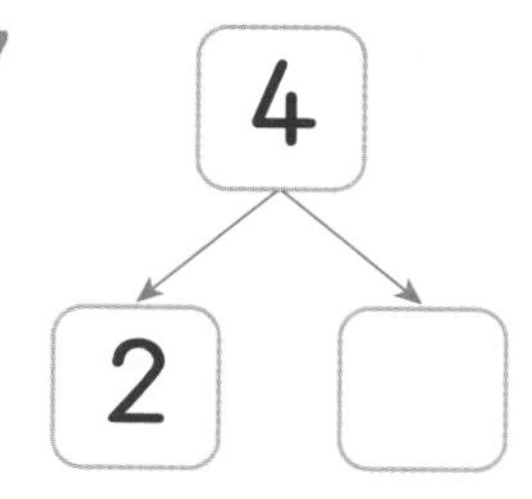

18

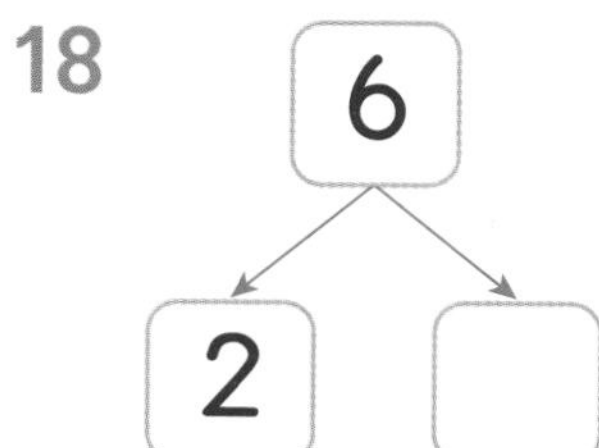

19

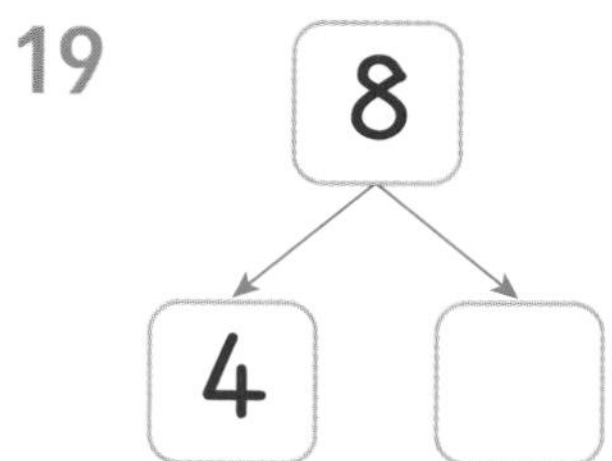

20

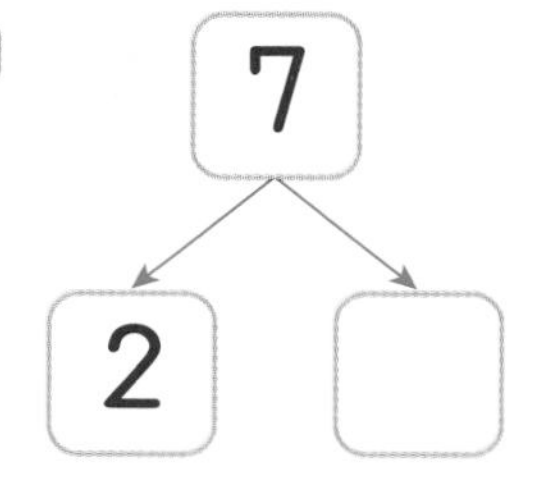

21

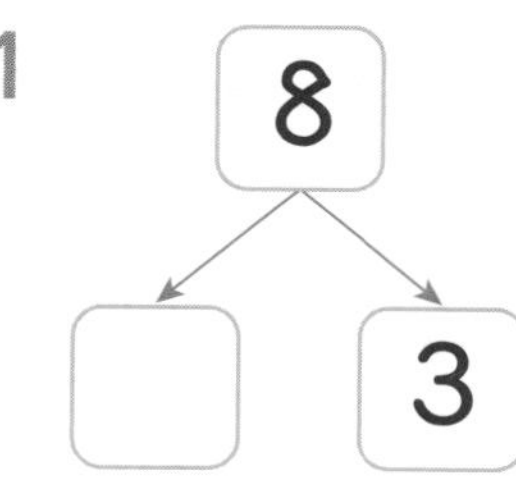

22

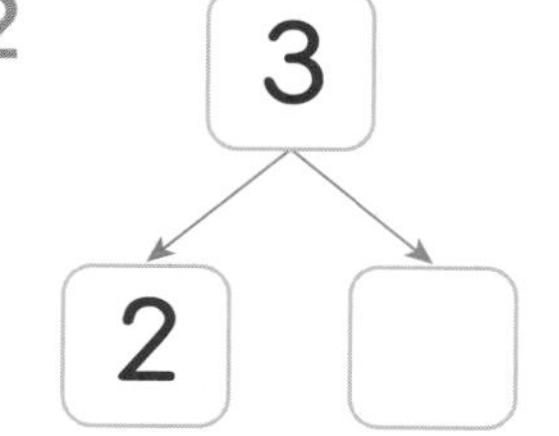

23

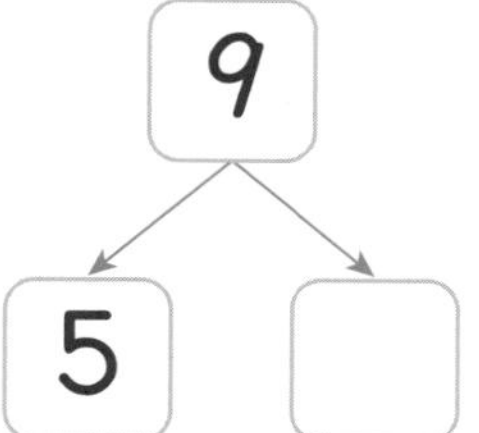

24

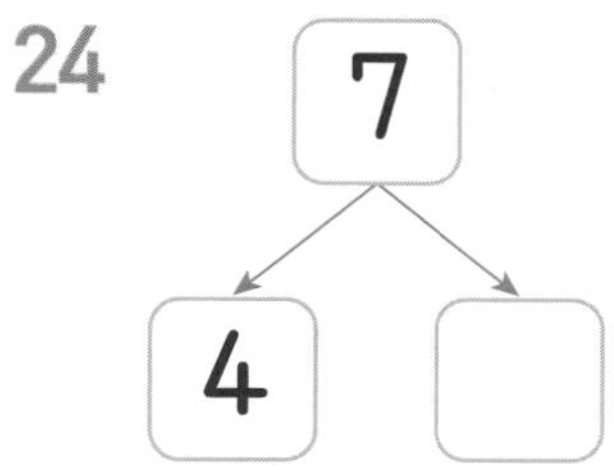

9까지의 수 모으기와 가르기

빈 곳에 알맞은 수를 써넣으세요.

1
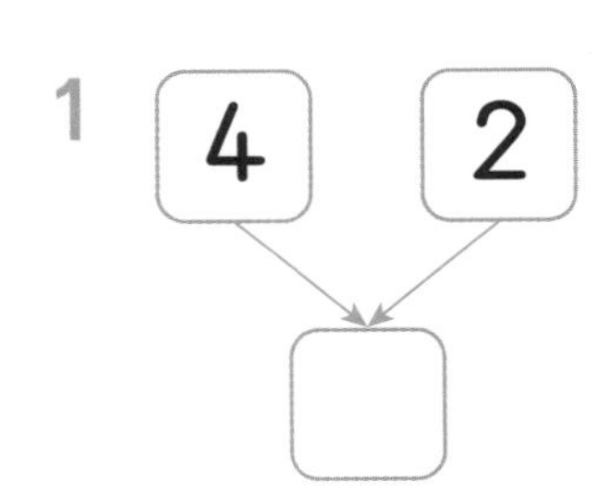

2
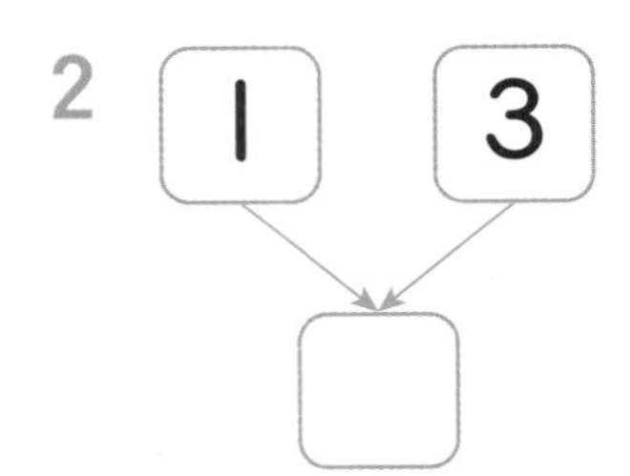

3
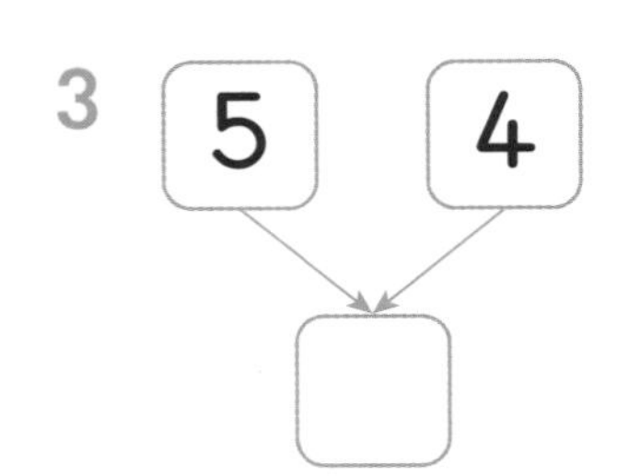

4
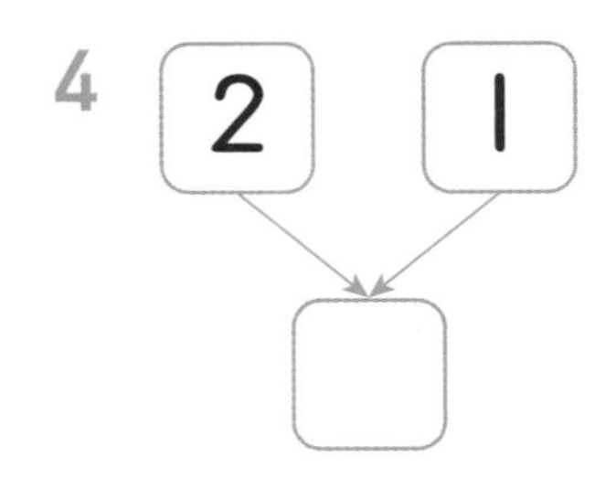

5
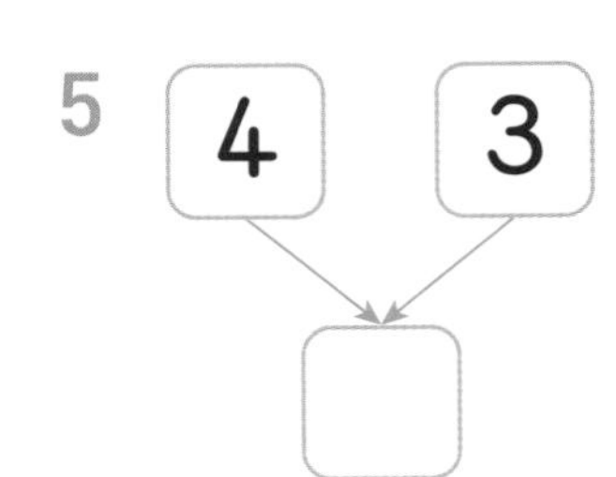

6
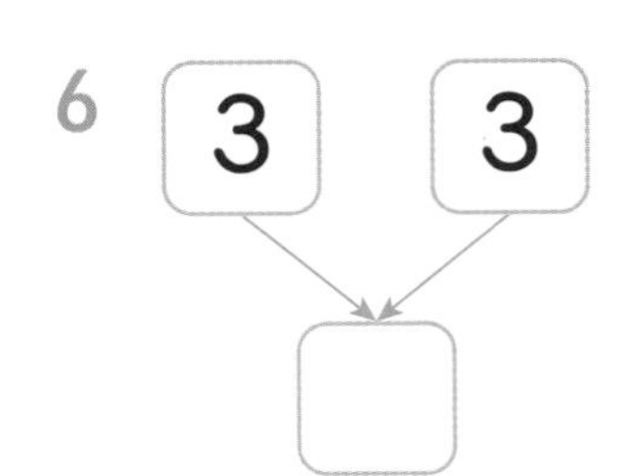

7
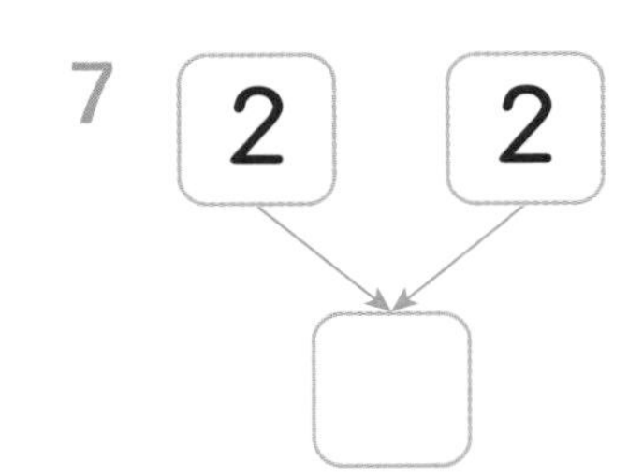

8
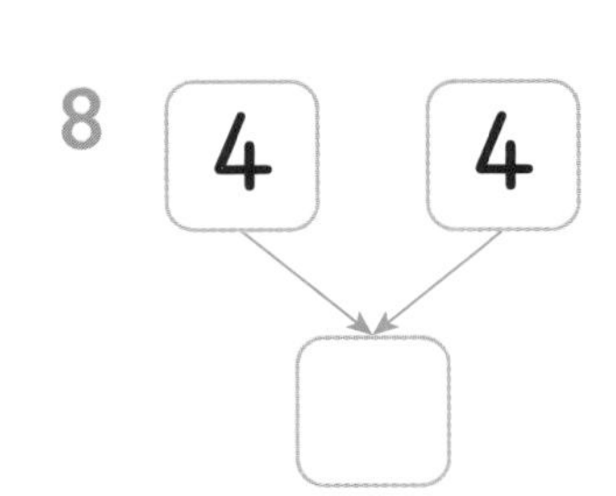

9
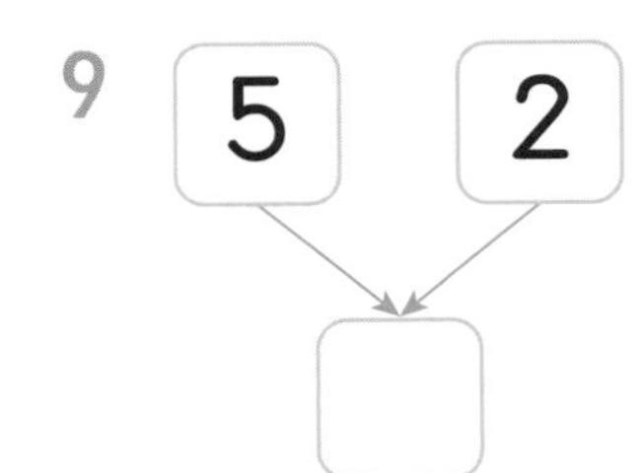

10
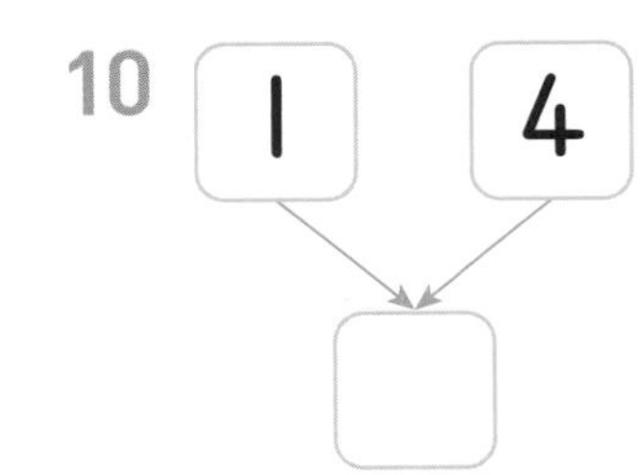

11
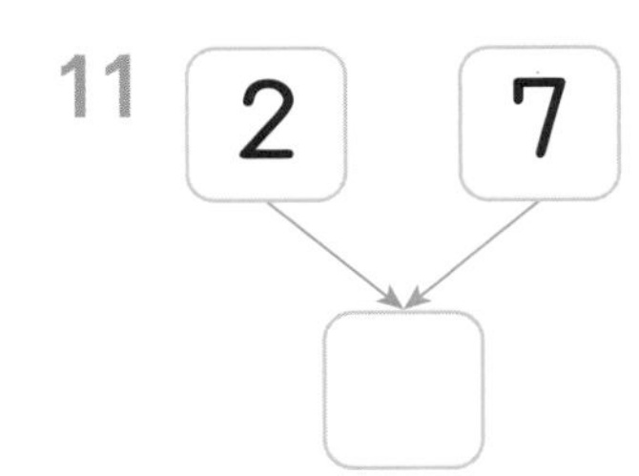

12
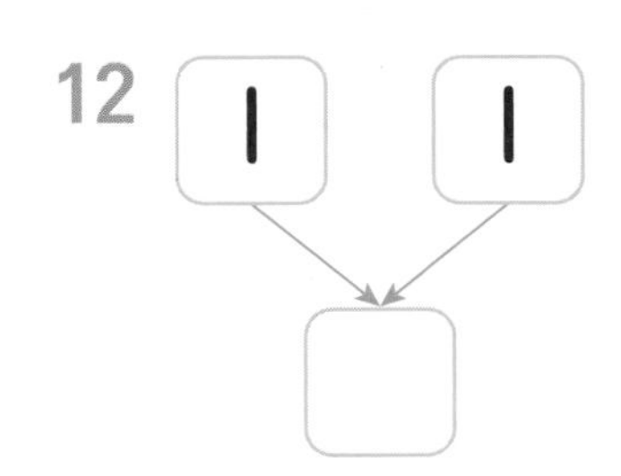

 빈 곳에 알맞은 수를 써넣으세요.

13
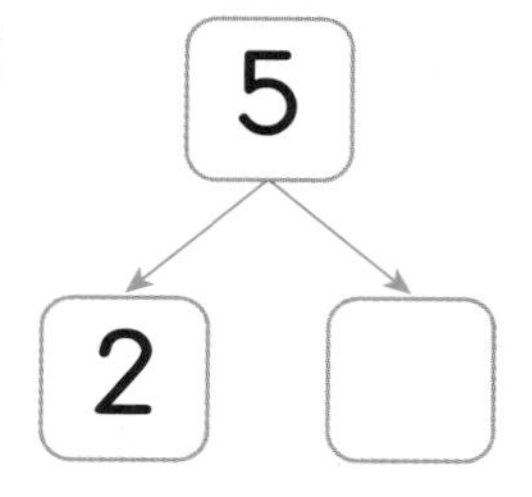

17
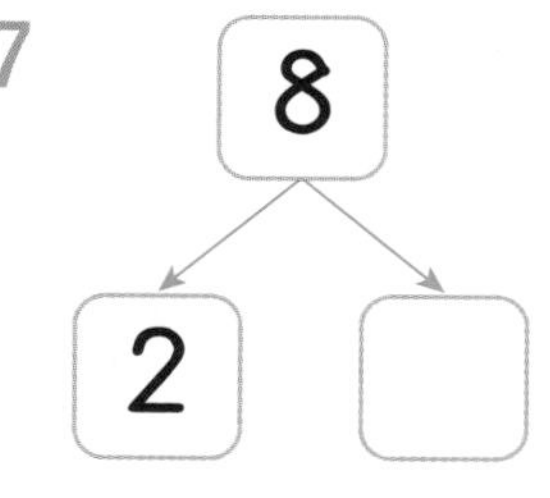

21
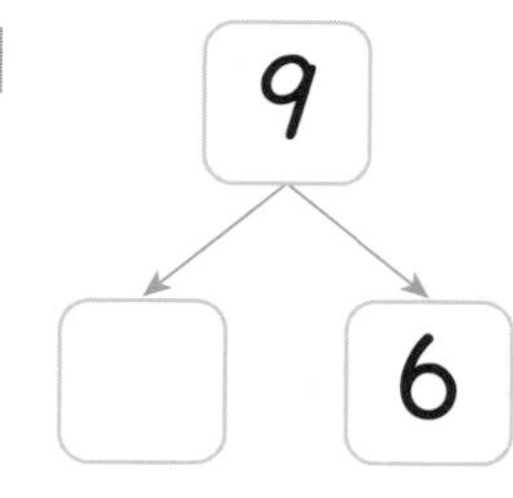

14
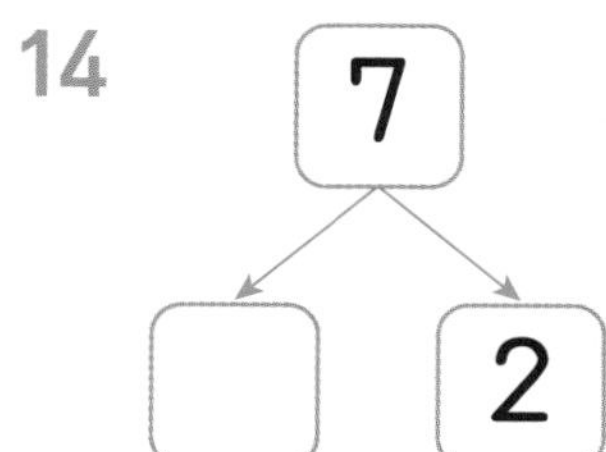

18
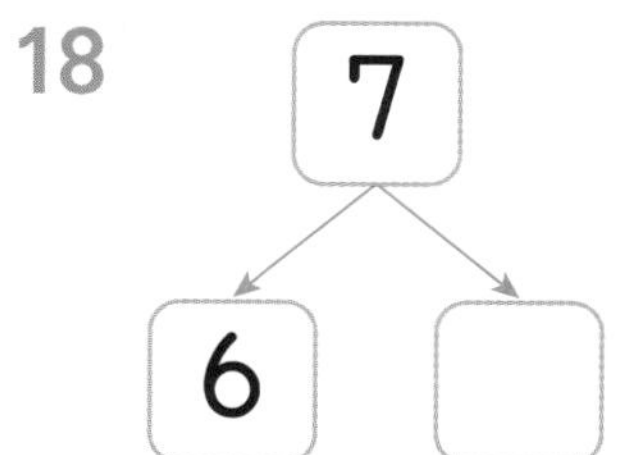

22
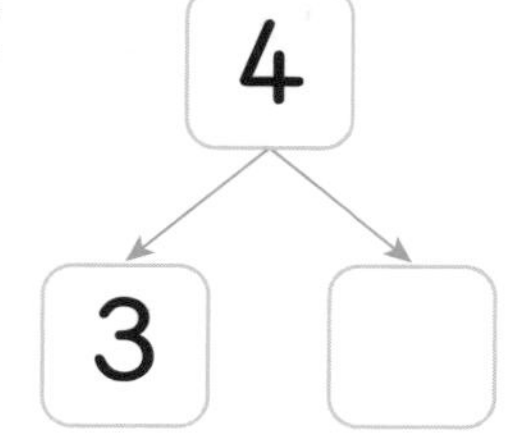

15
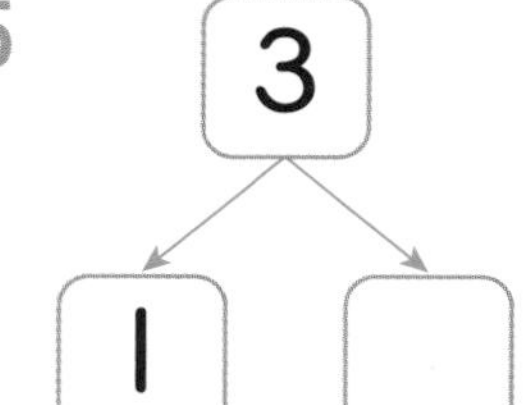

19
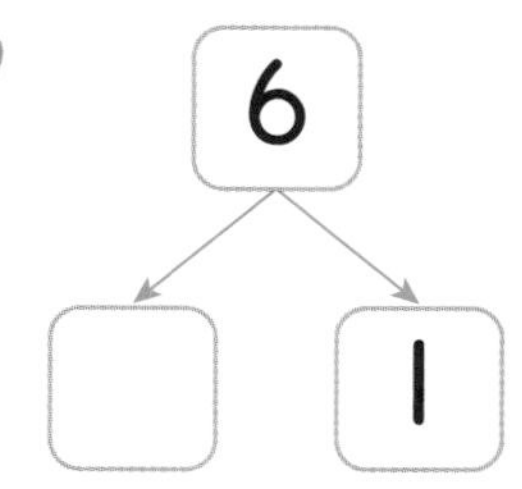

23
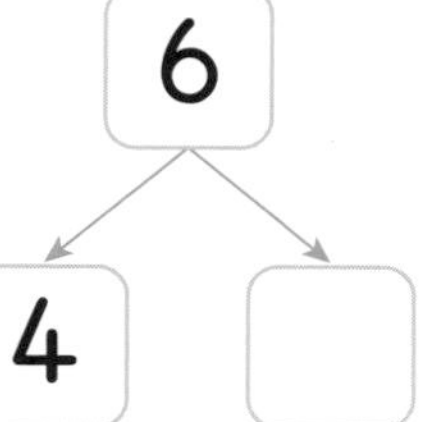

16
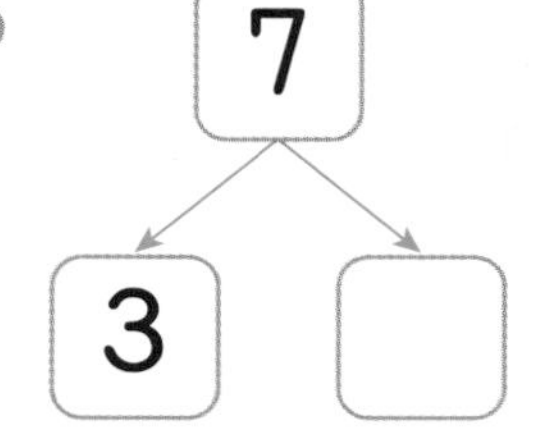

20
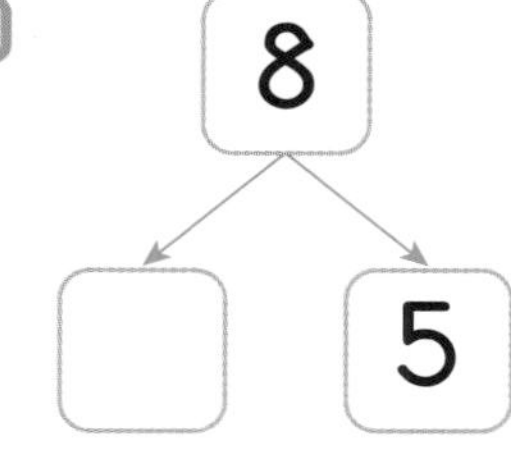

24
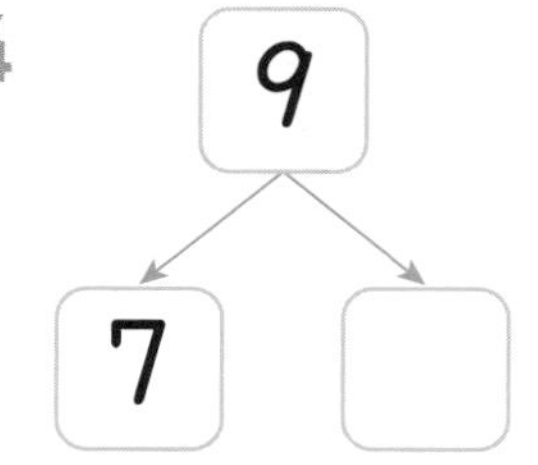

스스로 평가

9까지의 수 모으기와 가르기

수를 모아 빈 곳에 알맞은 수를 써넣으세요.

1
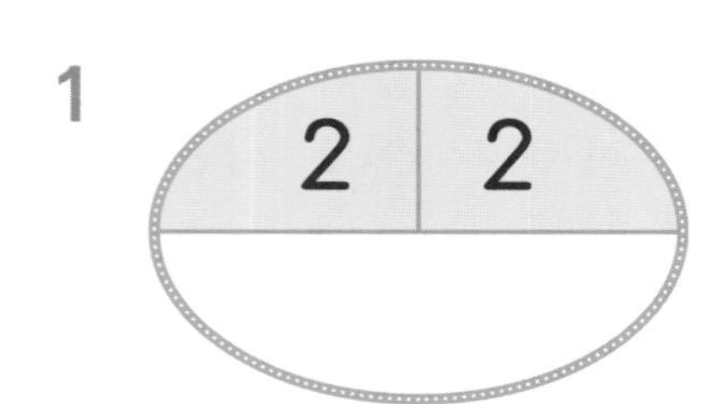

2
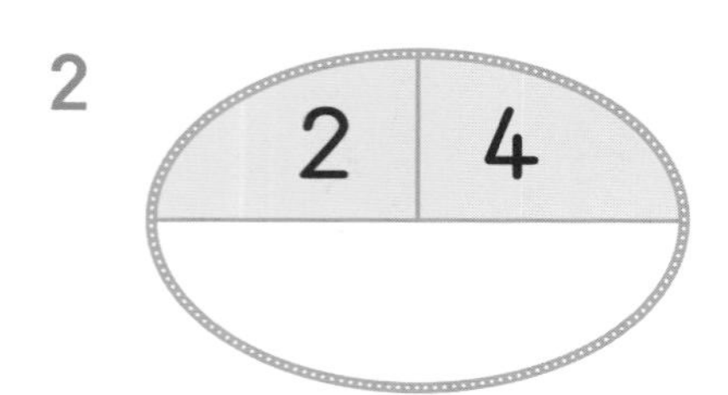

3
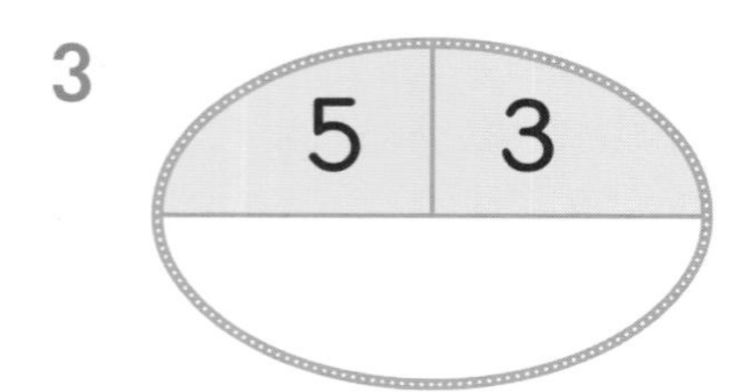

4

1	4

5

6	1

6
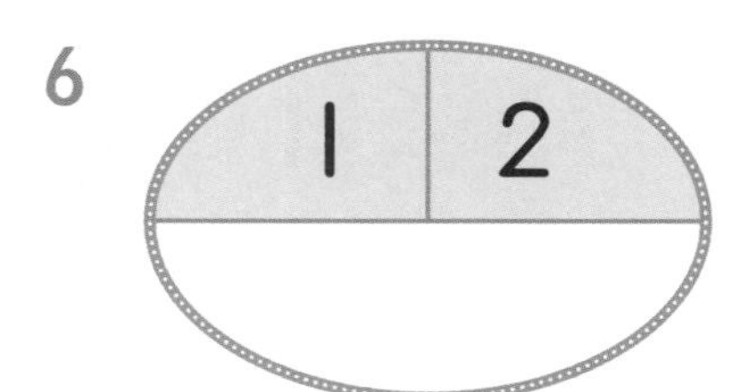

7
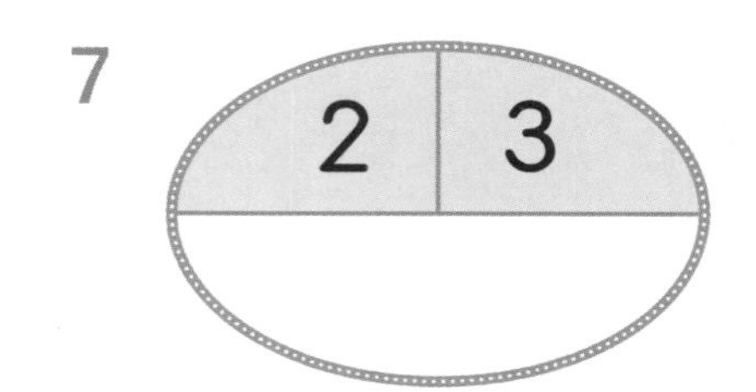

8
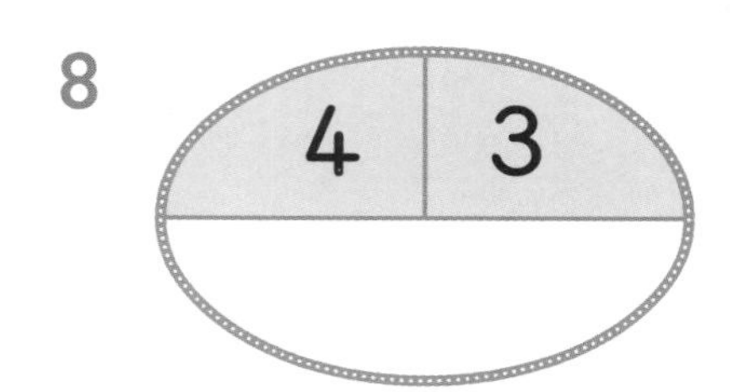

9
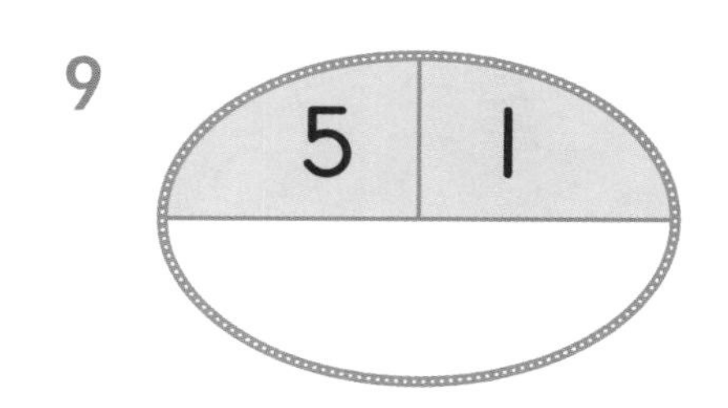

10
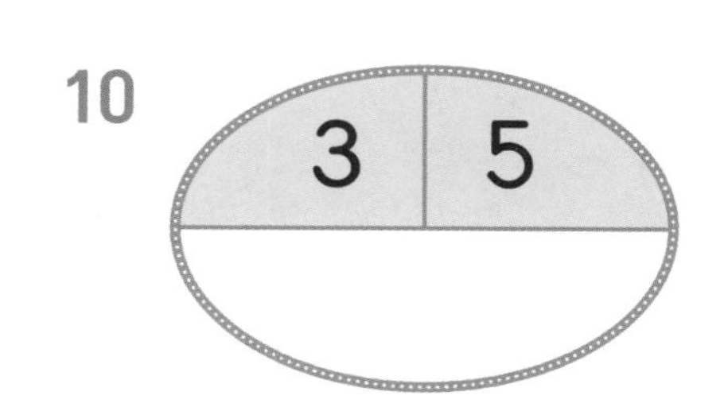

주어진 수를 가르기 하여 빈 곳에 알맞은 수를 써넣으세요.

11
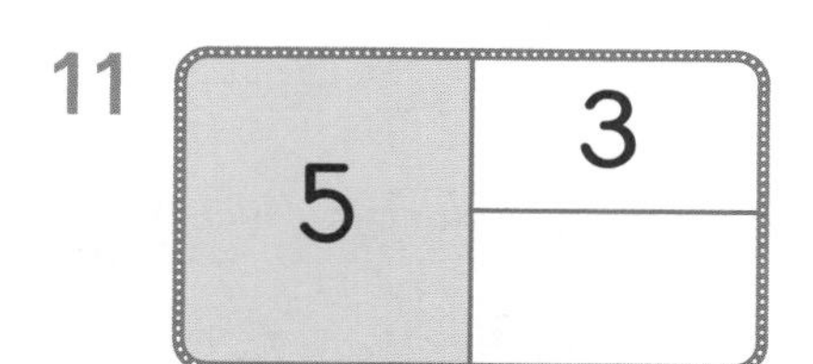

12
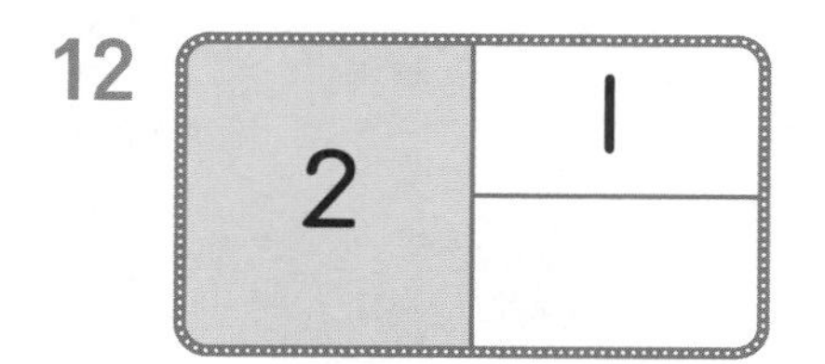

13
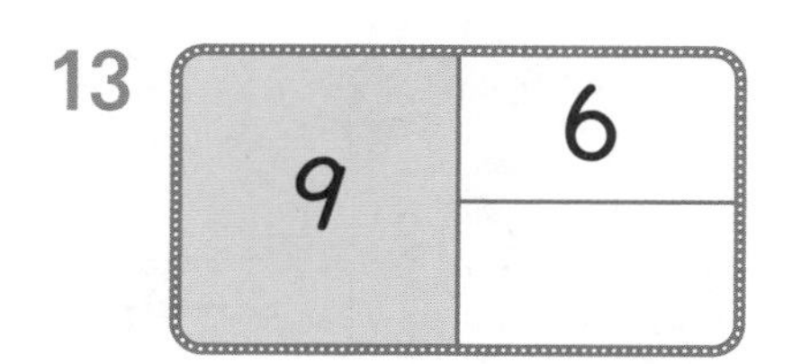

14

15
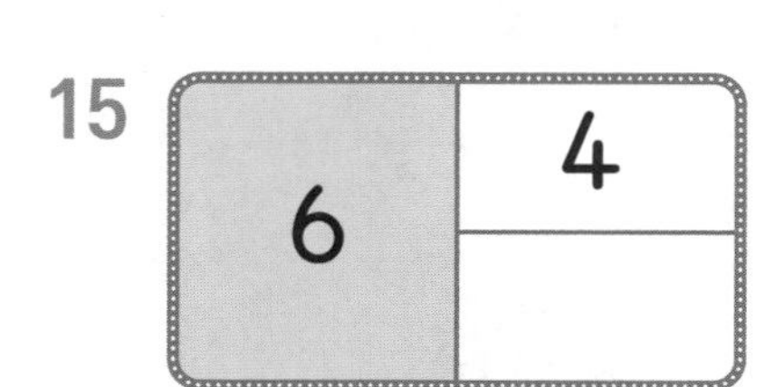

16

17
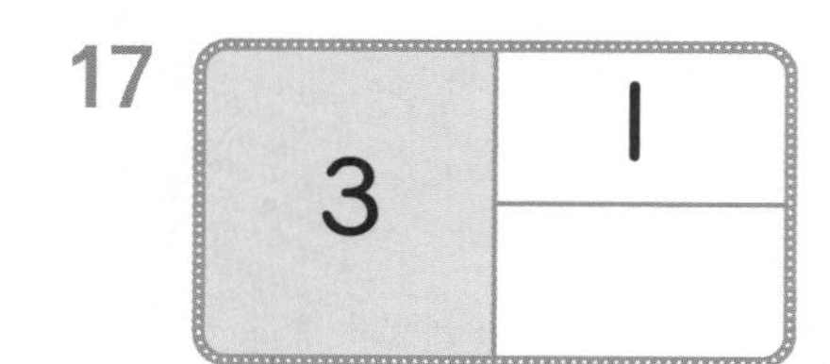

18

19

UP 20

스스로 평가

✎ 친구들이 8을 두 수로 가른 수가 쓰여져 있는 풍선을 들고 있어요. 빈 풍선에 알맞은 수 붙임 딱지를 붙여 보세요. 붙임딱지

✎ 낚시하는 친구들의 옷에 써 있는 수와 낚싯대에 연결된 물고기에 써 있는 수를 모아서 7을 만들려고 해요. 물고기에 알맞은 수 붙임 딱지를 붙여 보세요. 붙임딱지

합이 9까지인 수의 덧셈

목장에 갈색 양 5마리와 흰색 양 3마리가 있어요. 목장에 있는 양은 모두 몇 마리인가요?

- 갈색 양의 수만큼 ●를 5개 그리고 흰색 양의 수만큼 3개를 더 그렸더니 ●가 8개가 되었어요.

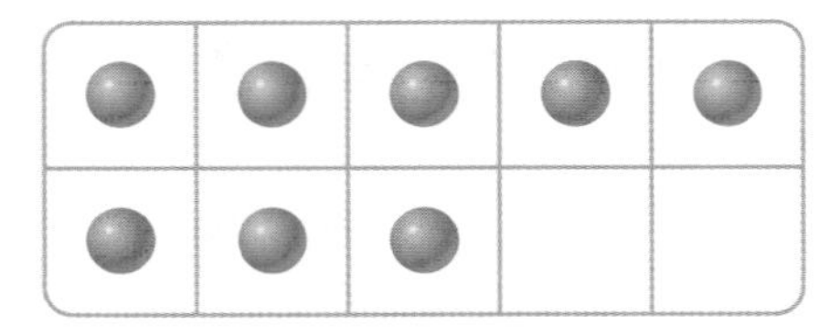

$$5 + 3 = 8$$

두 수를 더할 때에는 '+' 기호를 사용해요.

갈색 양이 5마리, 흰색 양이 3마리 있으므로 목장에 있는 양은 모두 8마리예요.
덧셈식으로 나타내면 $5+3=8$이에요.

학습계획

일차	1일 학습	2일 학습	3일 학습	4일 학습	5일 학습
공부할 날	월 일	월 일	월 일	월 일	월 일

덧셈식 읽기

$5+3=8$

5 더하기 3은 8과 같습니다.

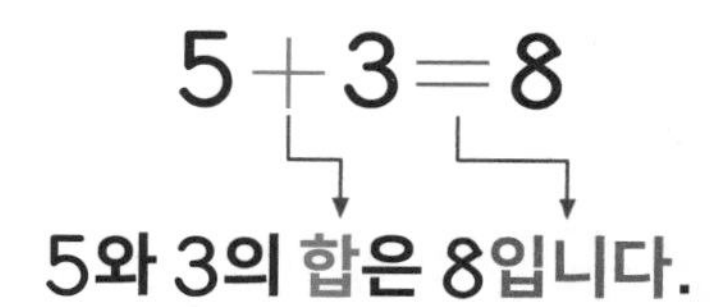

$5+3=8$

5와 3의 합은 8입니다.

그림을 보고 덧셈식으로 쓰고 읽기

쓰기 $2+1=3$

읽기 2 더하기 1은 3과 같습니다.

또는 2와 1의 합은 3입니다.

0 더하기

$0+3=3$　　　$5+0=5$

어떤 수에 0을 더하거나 0에 어떤 수를 더하면 항상 어떤 수가 돼요.

개념 쏙쏙 노트

• 더하는 것을 나타내는 덧셈 기호를 + 라 쓰고 더하기라고 읽습니다.

참고 모으기로 두 수의 합을 구할 수 있습니다.

4, 3 → 7

4와 3을 모으면 7이 됩니다.

➡ $4+3=7$

합이 9까지인 수의 덧셈

그림에 알맞은 덧셈식을 써 보세요.

1

$2+1=\square$

2

$4+2=\square$

3

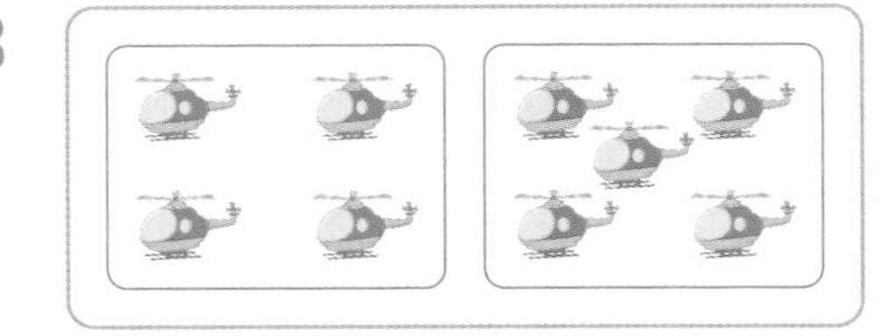

$4+5=\square$

4

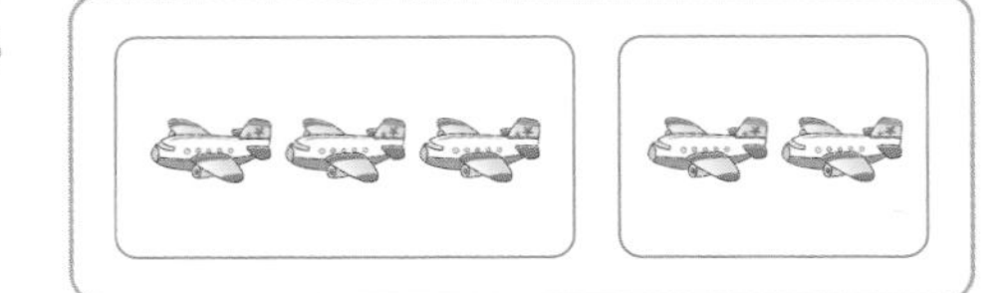

$3+2=\square$

5

$3+\square=\square$

6

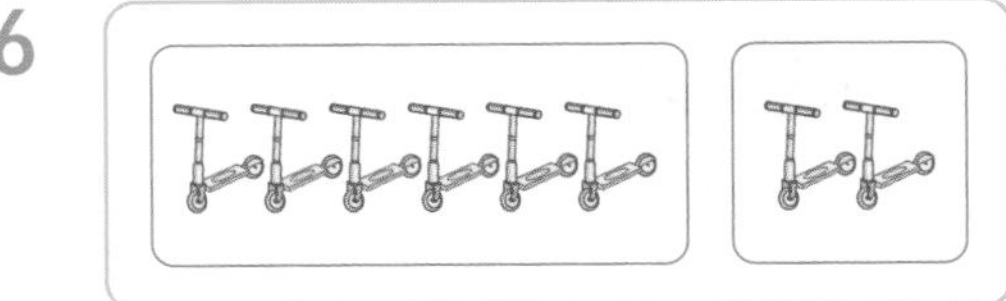

$6+\square=\square$

7

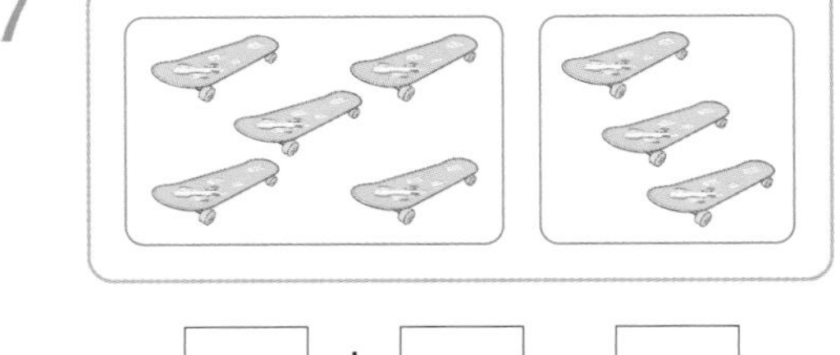

$\square+\square=\square$

8

$\square+\square=\square$

 덧셈식을 쓰고 읽어 보세요.

9

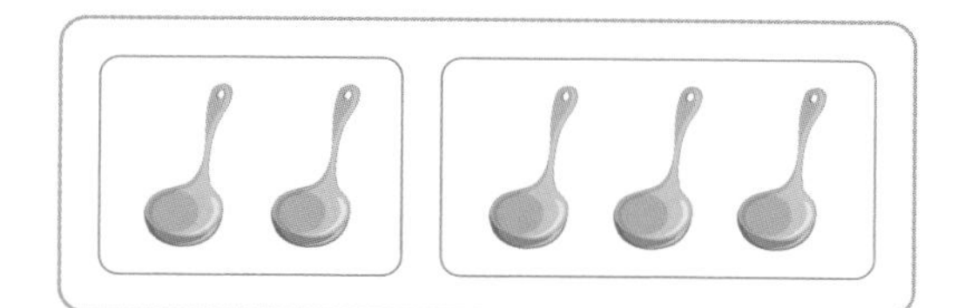

쓰기 $2+3=\square$

읽기

10

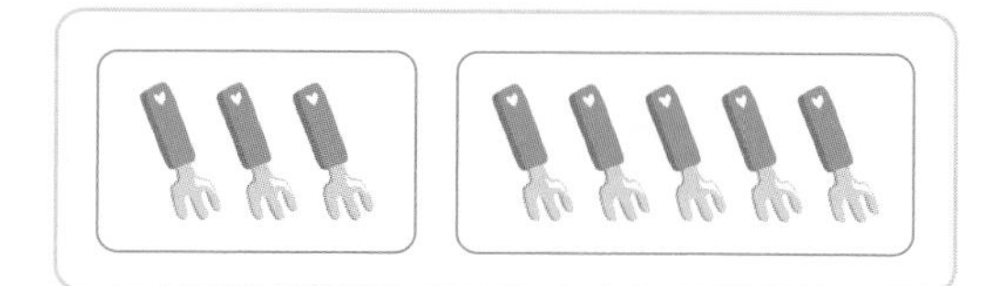

쓰기 $3+5=\square$

읽기

11

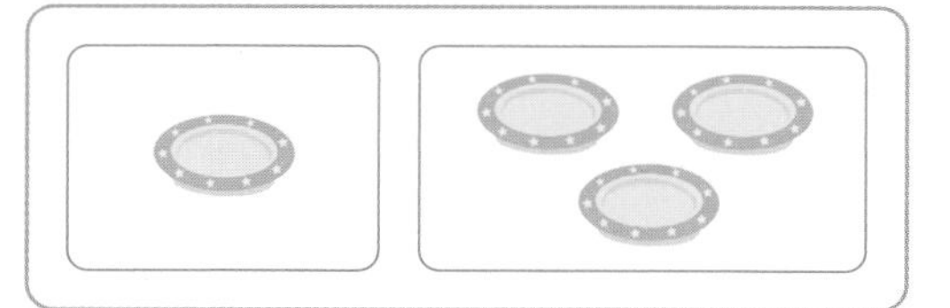

쓰기 $1+3=\square$

읽기

12

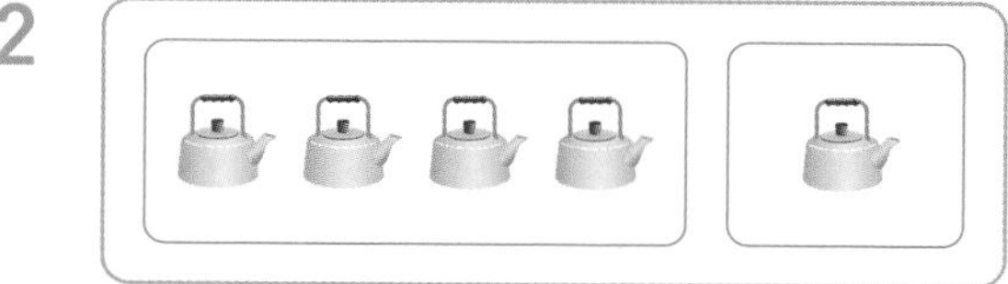

쓰기 $4+\square=\square$

읽기

13

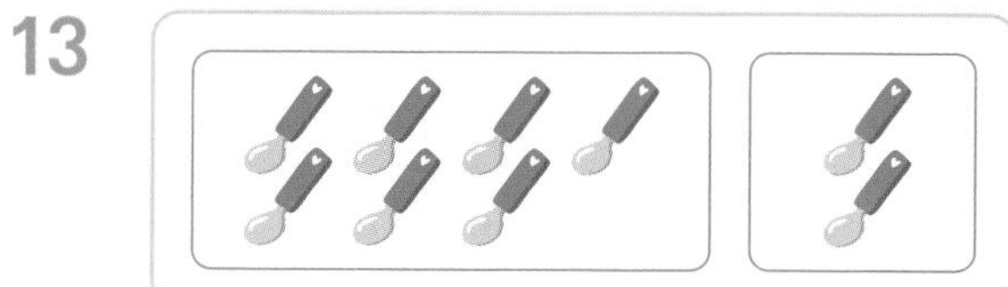

쓰기 $\square+2=\square$

읽기

14

쓰기 $\square+\square=\square$

읽기

스스로 평가

합이 9까지인 수의 덧셈

계산해 보세요.

1 $0+1$

2 $2+4$

3 $1+6$

4 $5+4$

5 $0+7$

6 $3+1$

7 $2+5$

8 $1+1$

9 $0+6$

10 $4+1$

11 $0+5$

12 $3+4$

13 $6+1$

14 $4+4$

15 $2+1$

16 $3+6$

17 $5+1$

18 $3+3$

19 $1+4$

20 $7+1$

21 $2+6$

22 $3+5$

23 $2+7$

24 $0+8$

빈 곳에 알맞은 수를 써넣으세요.

25
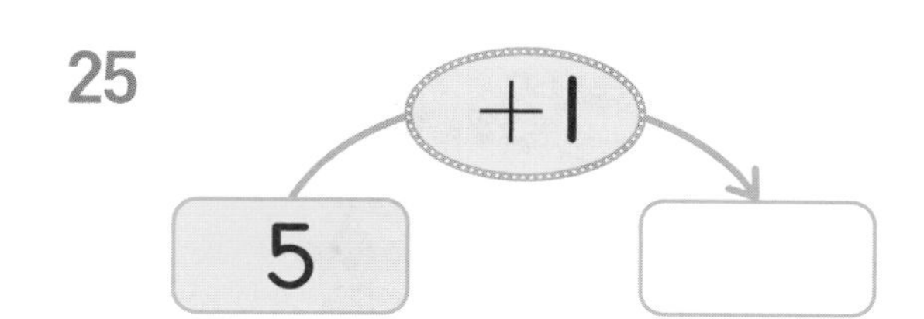

26
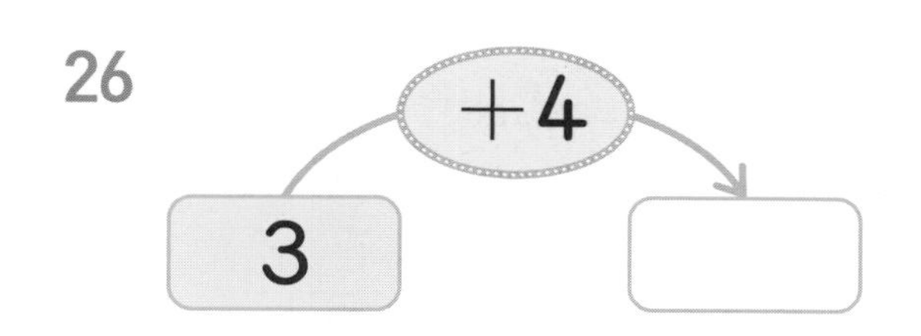

27
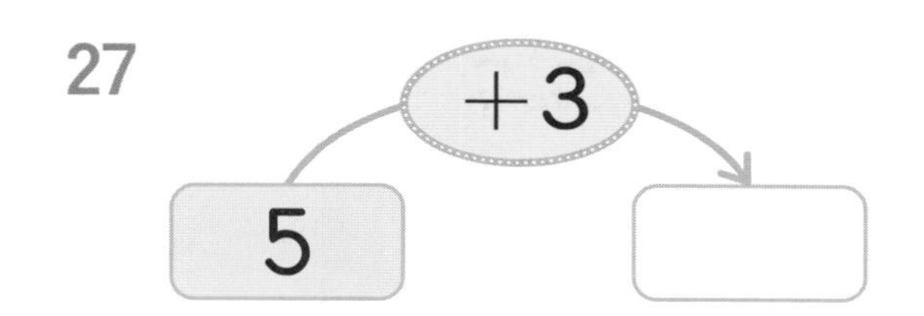

28
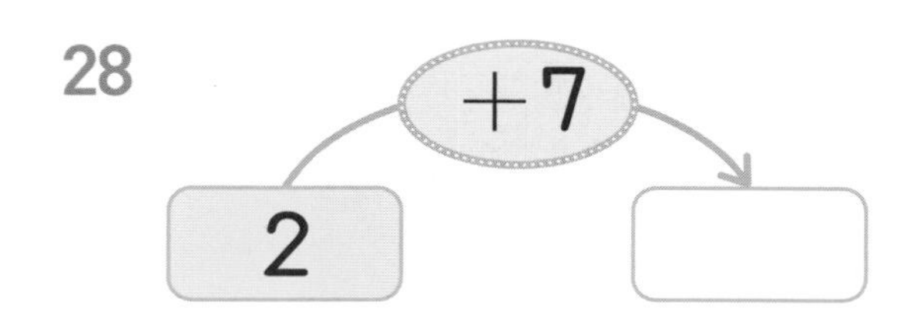

29
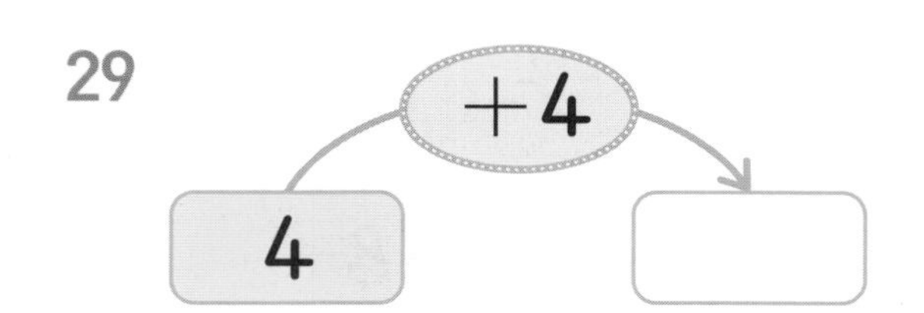

30
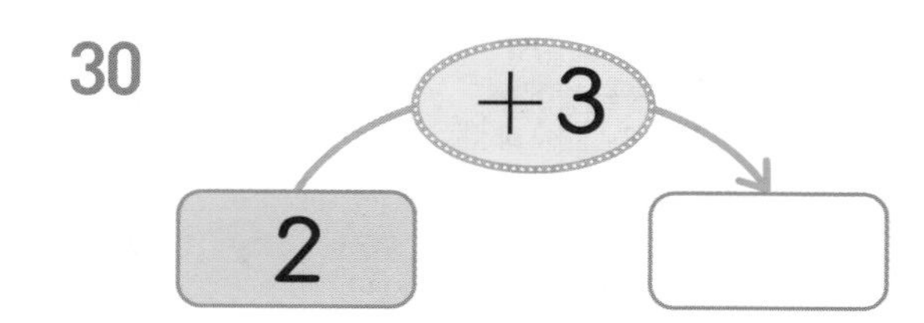

31
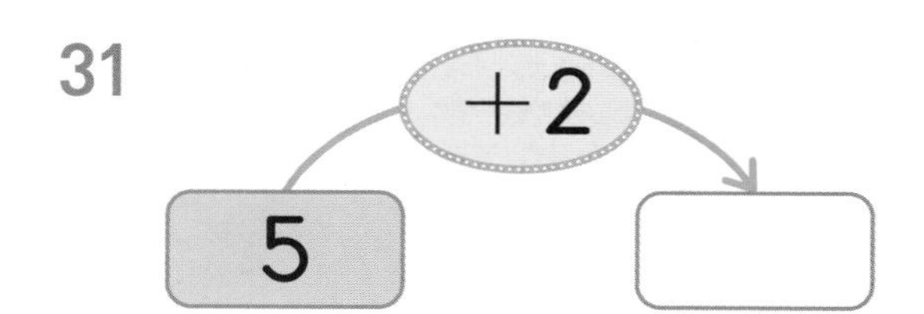

32
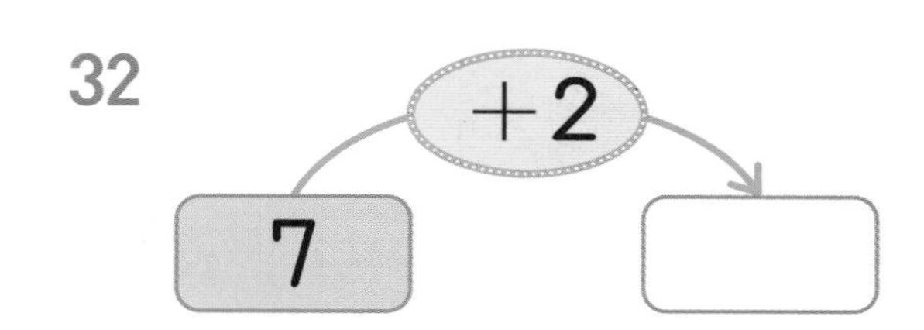

33
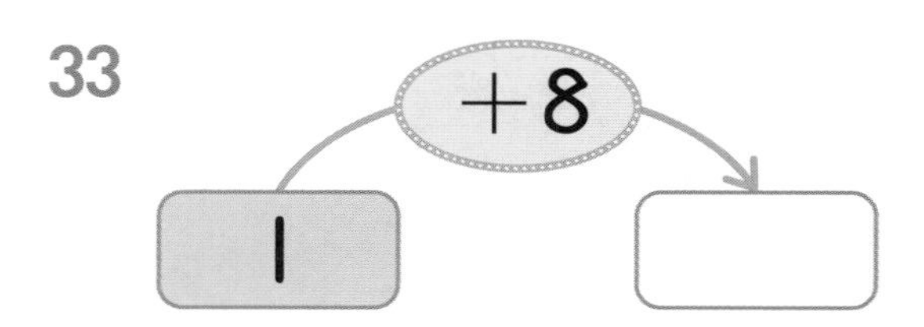

34
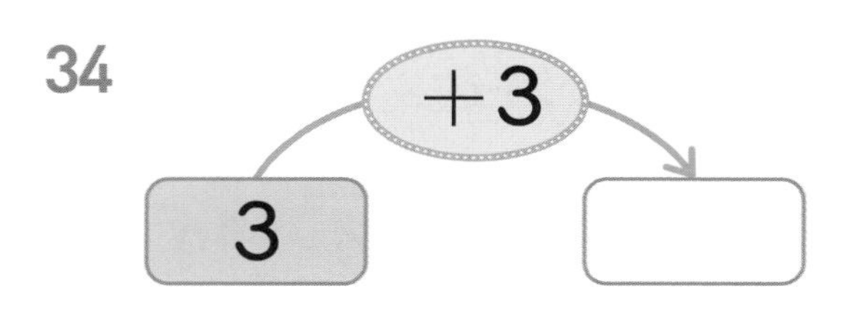

스스로 평가

3일 반복 합이 9까지인 수의 덧셈

계산해 보세요.

1 $0+1$

2 $5+3$

3 $1+4$

4 $6+1$

5 $2+5$

6 $3+6$

7 $1+2$

8 $2+7$

9 $2+3$

10 $3+1$

11 $3+3$

12 $2+4$

13 $4+1$

14 $3+4$

15 $1+7$

16 $4+5$

17 $5+2$

18 $1+6$

19 $6+3$

20 $7+0$

21 $5+4$

22 $4+2$

23 $1+5$

24 $1+8$

빈 곳에 두 수의 합을 써넣으세요.

25

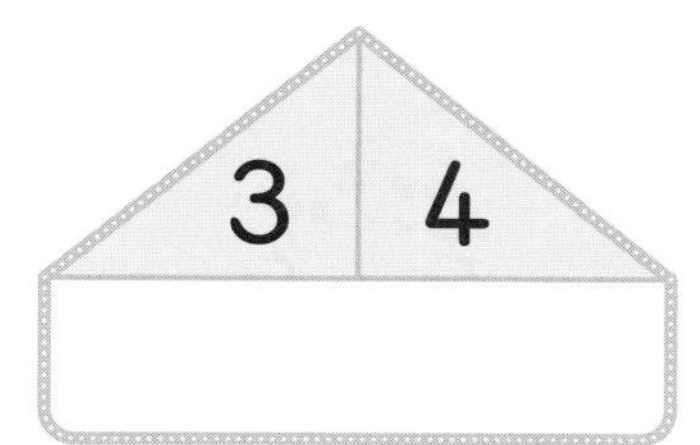

26

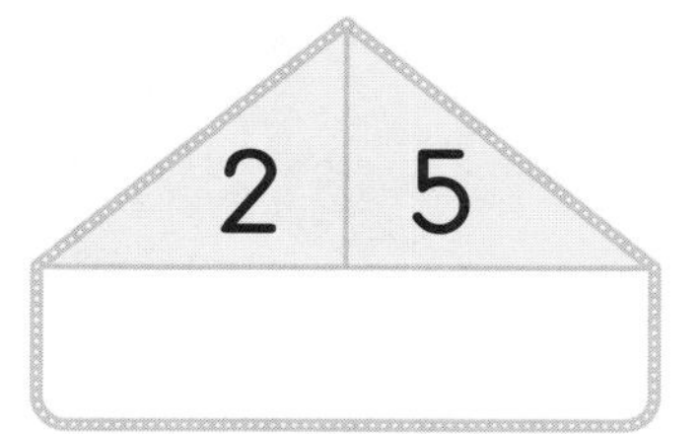

27

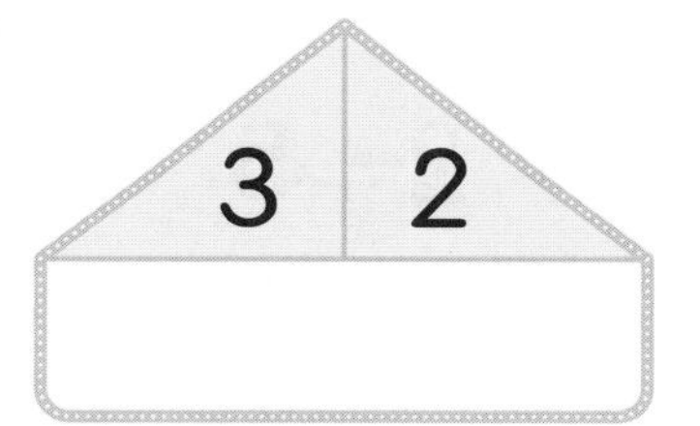

28

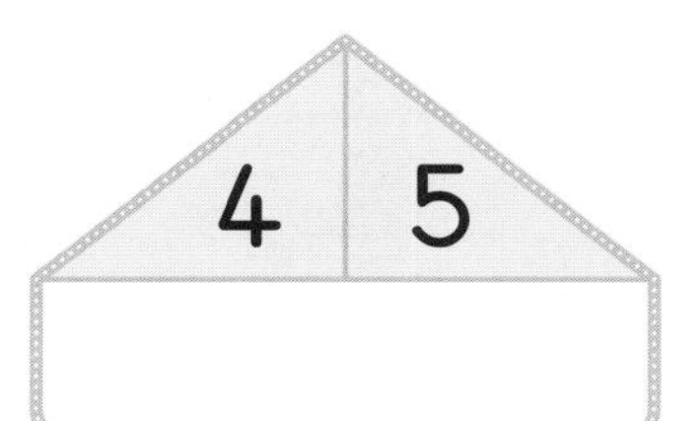

29

30

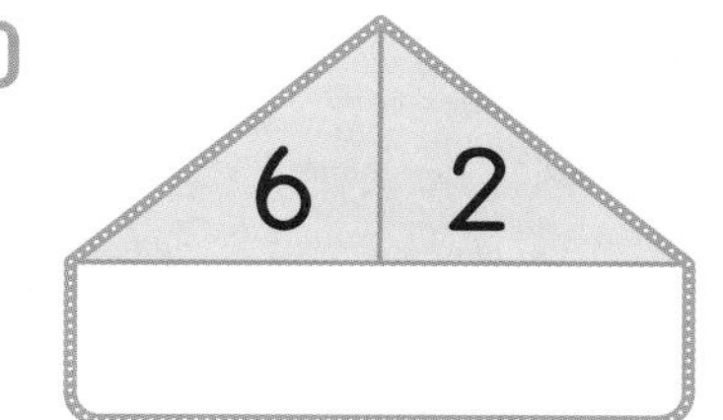

31

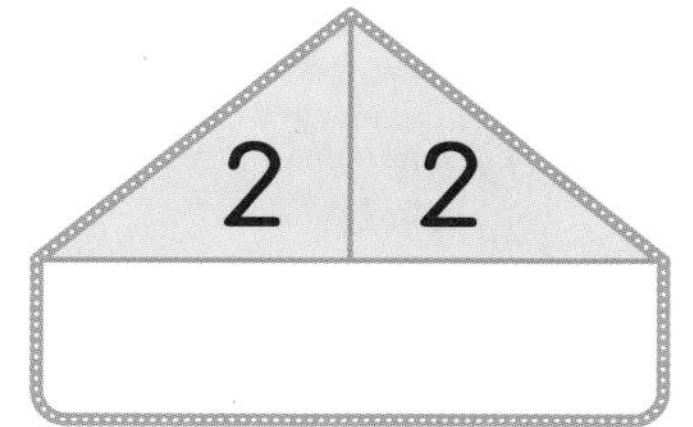

32

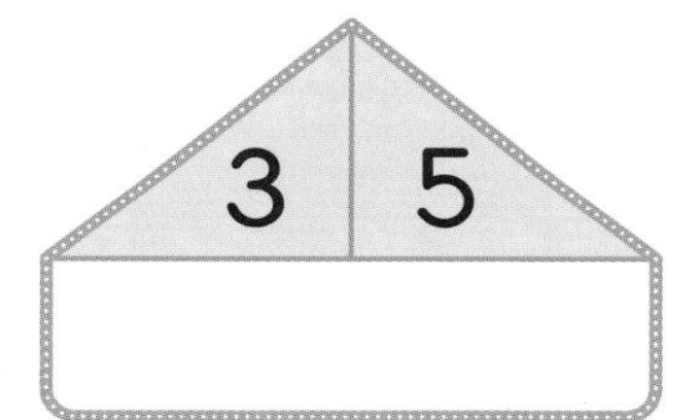

33

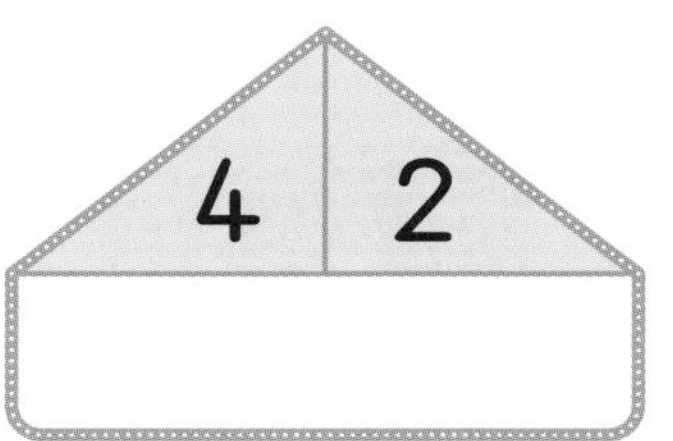

34

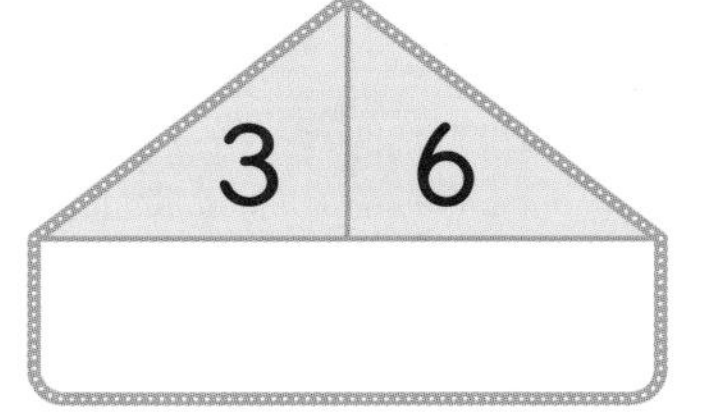

합이 9까지인 수의 덧셈

계산해 보세요.

1 $1+0$

2 $3+1$

3 $2+7$

4 $2+3$

5 $0+7$

6 $4+2$

7 $6+3$

8 $2+6$

9 $2+1$

10 $4+5$

11 $3+4$

12 $4+1$

13 $1+1$

14 $5+1$

15 $3+3$

16 $3+5$

17 $2+2$

18 $3+6$

19 $8+1$

20 $2+5$

21 $2+4$

22 $6+0$

23 $4+4$

24 $7+1$

□ 안에 알맞은 수를 써넣으세요.

25
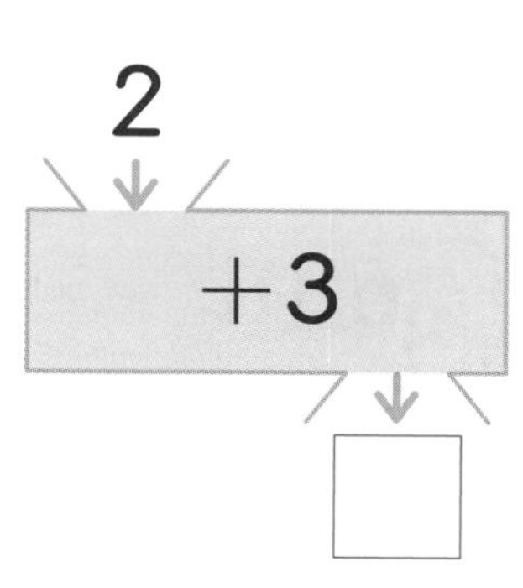

26
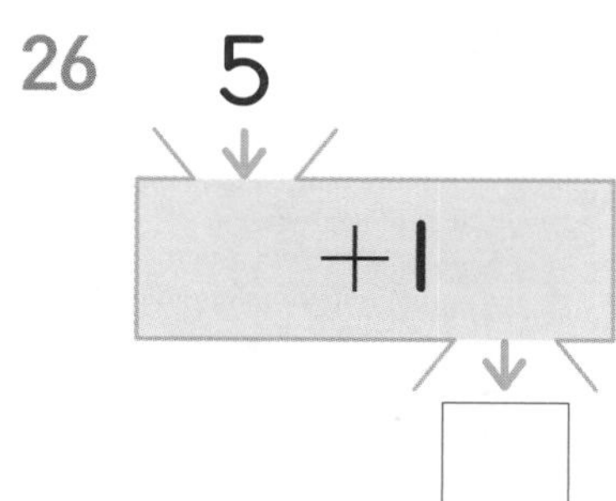

27
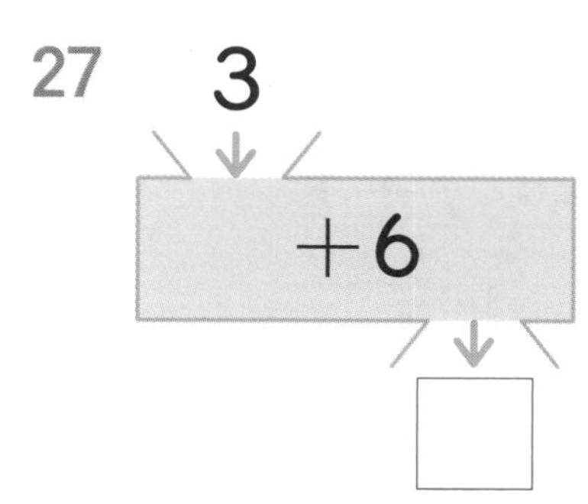

28
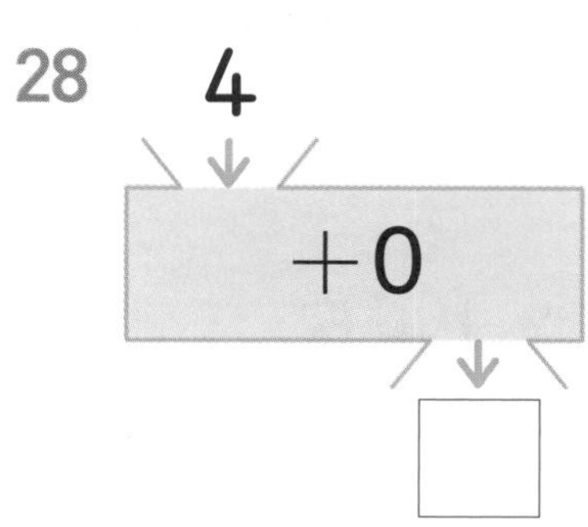

29
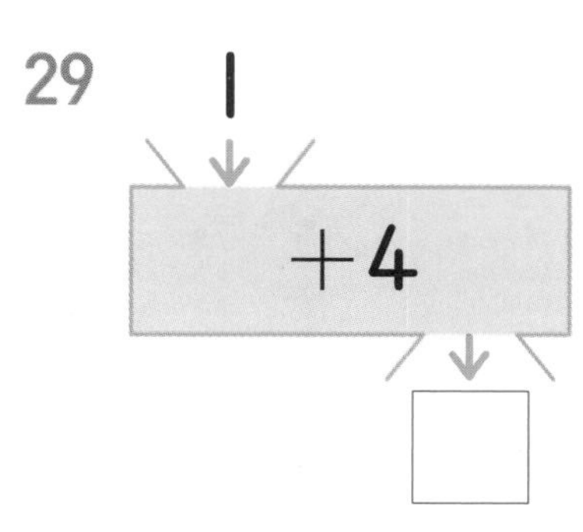

30
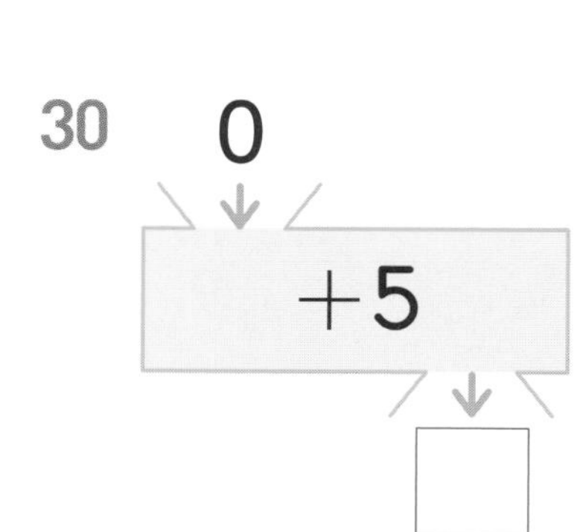

31
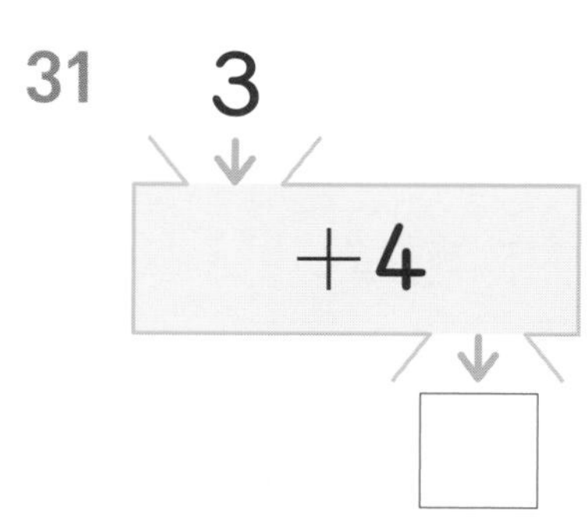

32
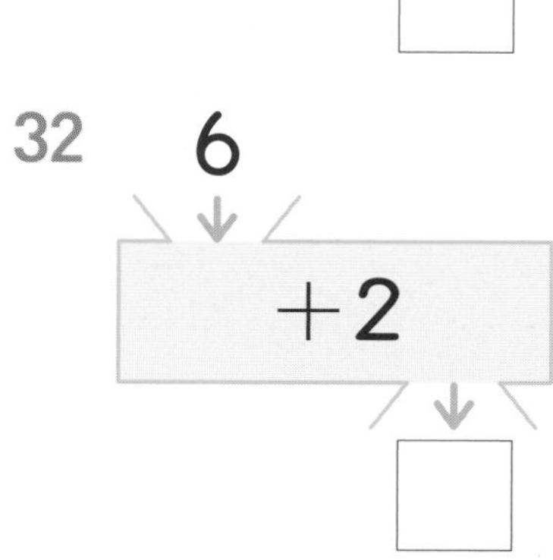

33
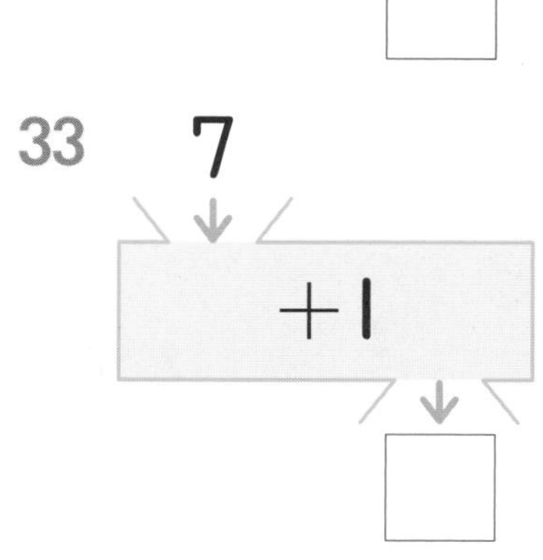

34
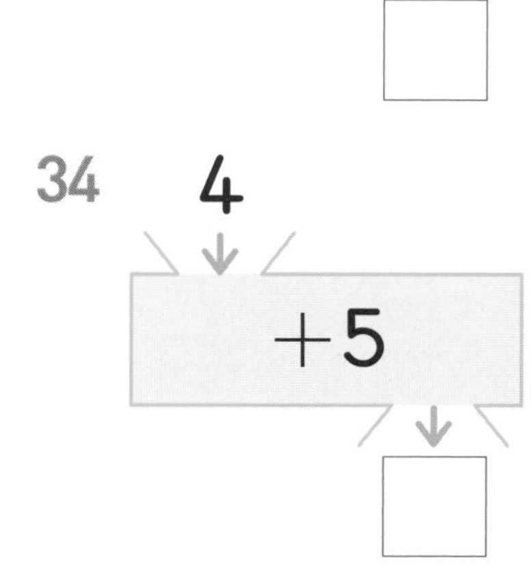

스스로 평가

5일 응용 합이 9까지인 수의 덧셈

계산해 보세요.

1 $0+2$

2 $7+2$

3 $1+8$

4 $1+1$

5 $2+4$

6 $1+6$

7 $3+2$

8 $3+6$

9 $5+2$

10 $6+3$

11 $5+4$

12 $4+5$

13 $8+1$

14 $4+3$

15 $2+7$

16 $2+2$

17 $6+1$

18 $2+3$

19 $5+3$

20 $7+1$

21 $0+4$

22 $1+5$

23 $4+1$

24 $4+4$

 빈 곳에 알맞은 수를 써넣으세요.

25

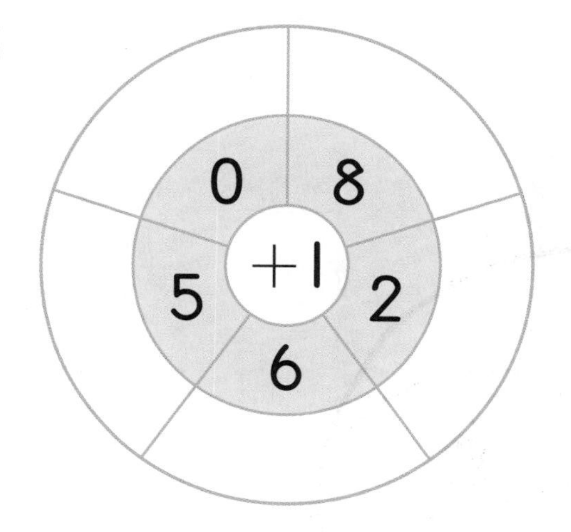

26

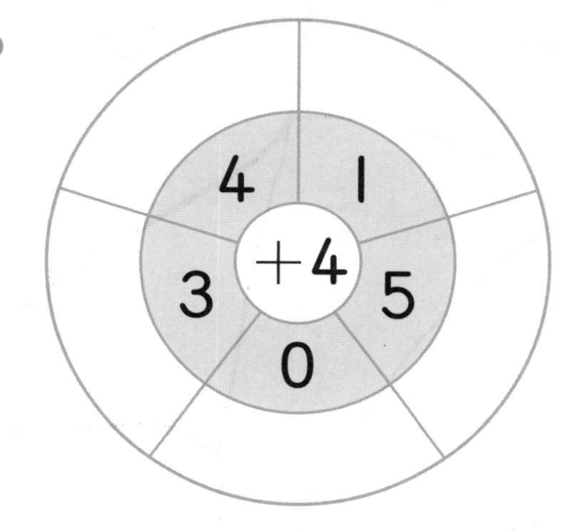

27

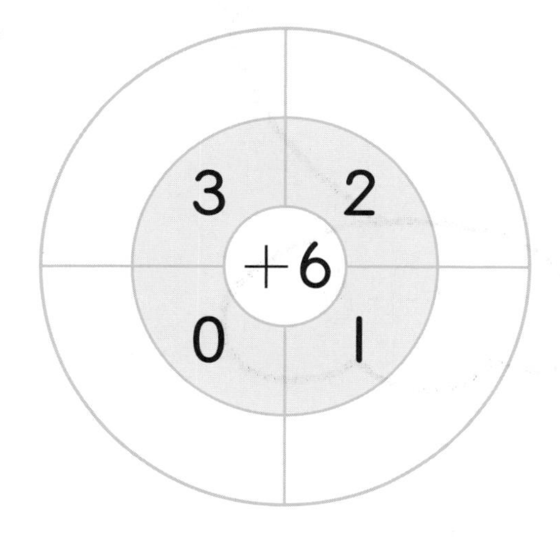

28

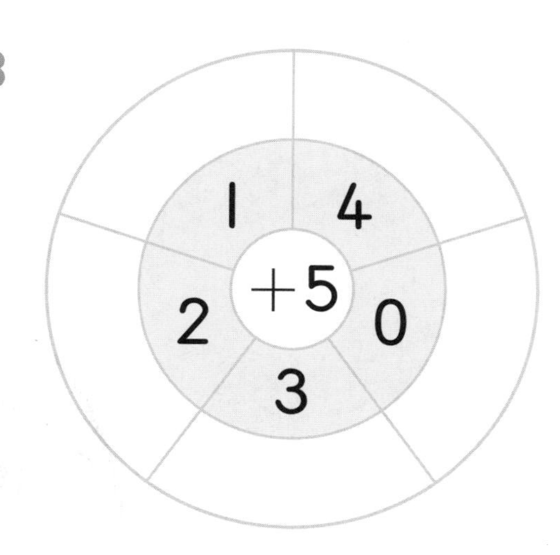

29

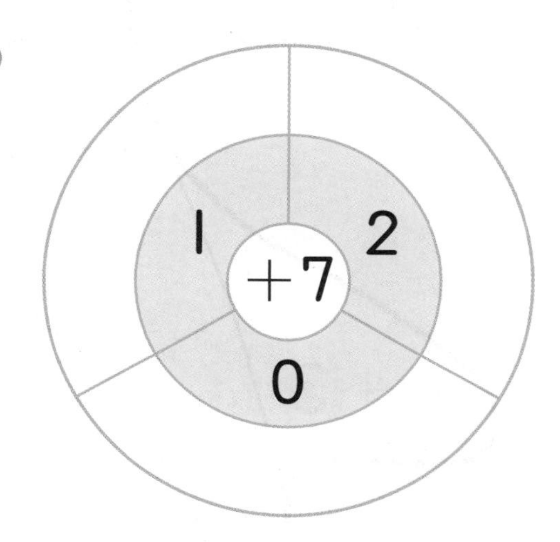

30

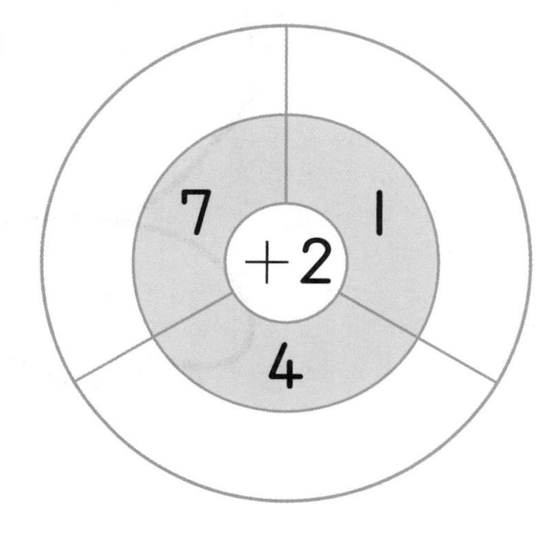

스스로 평가

2주 생각 수학

✎ 계산 결과가 7이 되는 곳은 ▬, 8이 되는 곳은 ▬ 으로 색칠해 보세요.

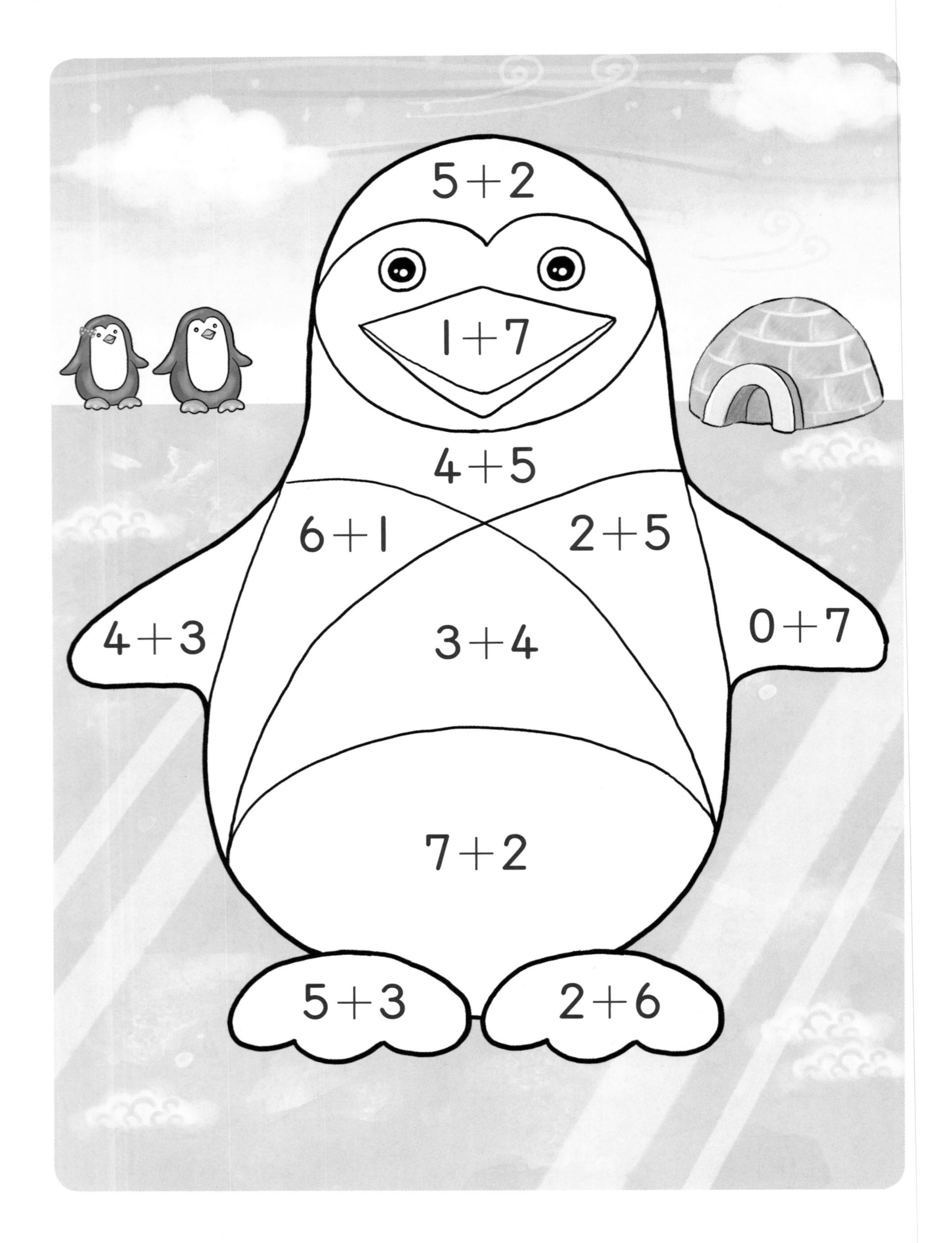

✎ 그림을 보고 덧셈식을 만들어 보세요.

1

2	+	1	=	

2

3				

3

4				

4

2				

5

2				

6

5				

차가 9까지인 수의 뺄셈

버스에 6명이 타고 있었는데 정류장에서 2명이 내리려고 해요. 버스에 남는 사람은 몇 명인가요?

- 버스에 타고 있는 사람 수만큼 ●를 6개 그리고 내리는 사람 수만큼 /로 2개 지웠더니 ●가 4개 남았어요.

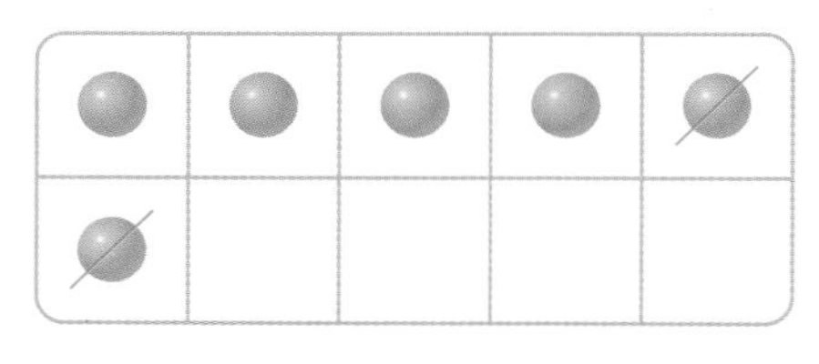

$$6 - 2 = 4$$

두 수를 뺄 때에는 '−' 기호를 사용해요.

버스에 탄 6명 중에서 2명이 내리면 4명이 남으므로 버스에 남는 사람은 4명이에요.
뺄셈식으로 나타내면 $6-2=4$예요.

일차	1일 학습	2일 학습	3일 학습	4일 학습	5일 학습
공부할 날	월 일	월 일	월 일	월 일	월 일

뺄셈식 읽기

6 − 2 = 4

6 빼기 2는 4와 같습니다.

6 − 2 = 4

6과 2의 차는 4입니다.

그림을 보고 뺄셈식으로 쓰고 읽기

쓰기 4 − 3 = 1

읽기 4 빼기 3은 1과 같습니다.

또는 4와 3의 차는 1입니다.

0 빼기와 0이 되는 뺄셈

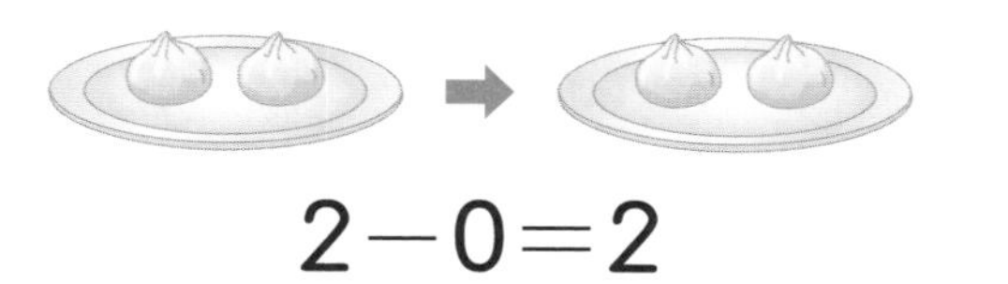

2 − 0 = 2

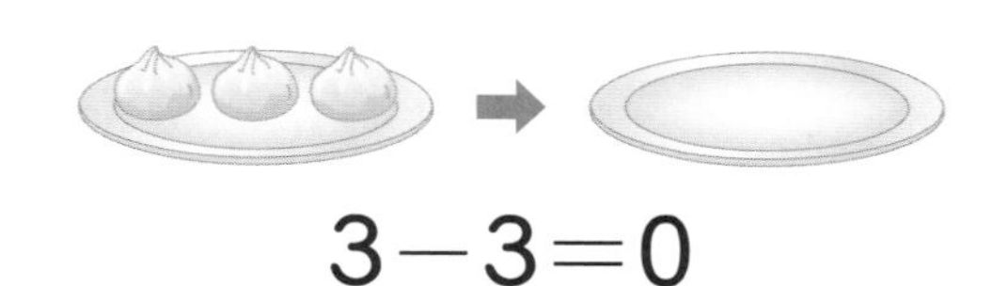

3 − 3 = 0

어떤 수에서 0을 빼면 그 값은 변하지 않고, 어떤 수에서 그 수 전체를 빼면 0이 돼요.

개념 쏙쏙 노트

• 빼는 것을 나타내는 뺄셈 기호를 − 라 쓰고 빼기라고 읽습니다.

참고 가르기로 두 수의 차를 구할 수 있습니다.

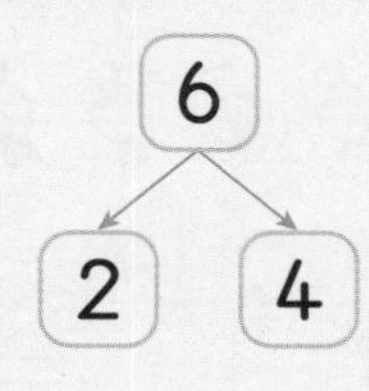

6은 2와 4로 가를 수 있습니다.

➡ 6 − 2 = 4

차가 9까지인 수의 뺄셈

그림에 알맞은 뺄셈식을 써 보세요.

1

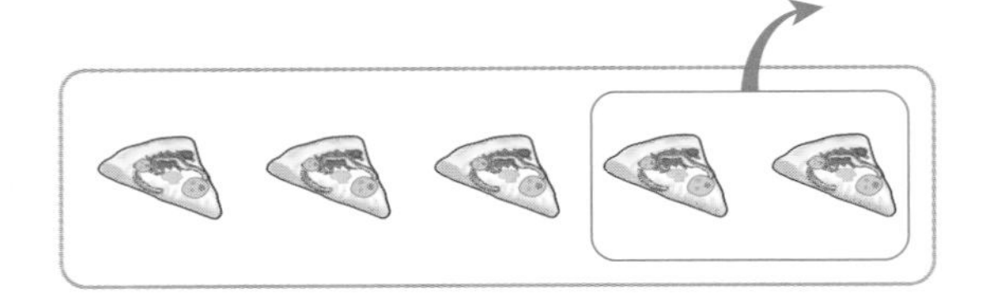

$5-2=\square$

2

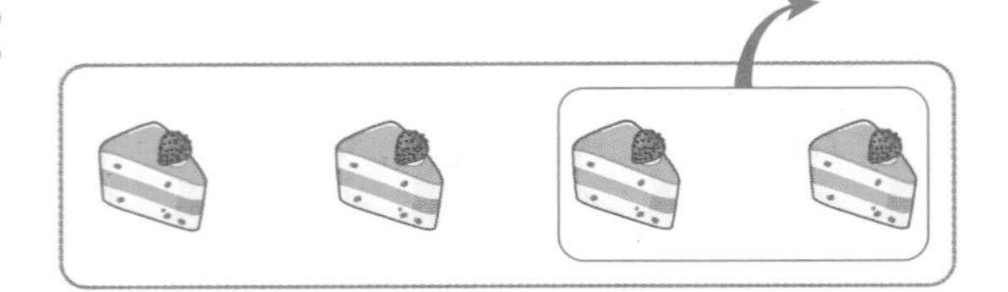

$4-2=\square$

3

$6-3=\square$

4

$3-2=\square$

5

$8-\square=\square$

6

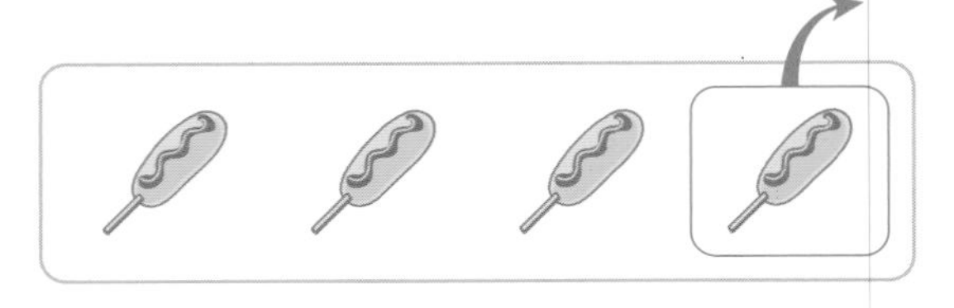

$4-\square=\square$

7

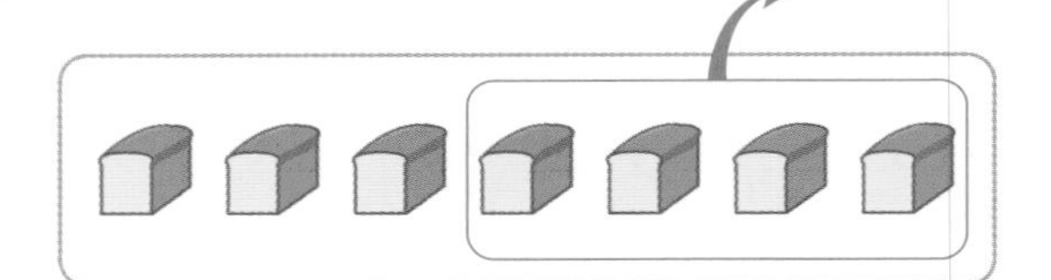

$7-\square=\square$

8

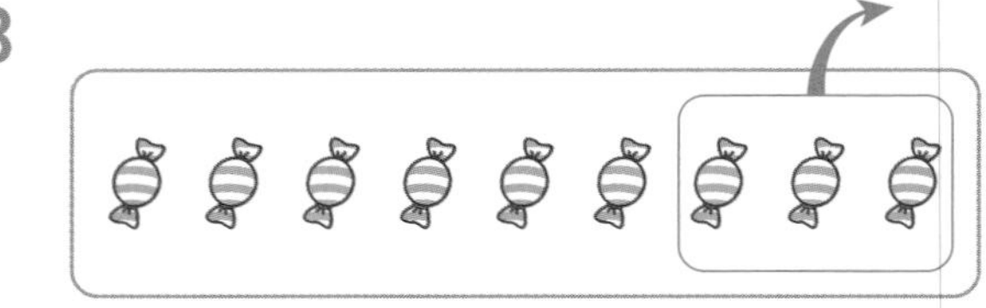

$9-\square=\square$

빨셈식을 쓰고 읽어 보세요.

9

쓰기 $3-1=\square$

읽기

12

쓰기 $6-\square=\square$

읽기

10

쓰기 $5-2=\square$

읽기

13

쓰기 $\square-5=\square$

읽기

11

쓰기 $4-3=\square$

읽기

14

쓰기 

읽기

스스로 평가

2일 반복

차가 9까지인 수의 뺄셈

계산해 보세요.

1 $1-1$

2 $5-3$

3 $4-1$

4 $5-5$

5 $2-1$

6 $9-3$

7 $8-1$

8 $4-4$

9 $7-5$

10 $8-4$

11 $3-1$

12 $7-4$

13 $4-3$

14 $8-5$

15 $7-1$

16 $8-3$

17 $6-4$

18 $5-1$

19 $6-3$

20 $6-5$

21 $3-3$

22 $6-1$

23 $7-3$

24 $9-4$

 빈 곳에 알맞은 수를 써넣으세요.

25 (−)

7	2	

30 (−)

6	3	

26 (−)

4	1	

31 (−)

4	2	

27 (−)

9	4	

32 (−)

9	5	

28 (−)

8	5	

33 (−)

8	4	

29 (−)

3	1	

34 (−)

7	6	

스스로 평가

3일 반복 차가 9까지인 수의 뺄셈

계산해 보세요.

1 $3-1$

2 $7-4$

3 $5-1$

4 $7-6$

5 $9-1$

6 $3-2$

7 $8-7$

8 $5-2$

9 $4-3$

10 $7-3$

11 $9-3$

12 $2-1$

13 $6-5$

14 $6-4$

15 $9-7$

16 $9-5$

17 $8-5$

18 $6-3$

19 $8-1$

20 $9-6$

21 $7-1$

22 $4-2$

23 $8-4$

24 $8-3$

빈 곳에 두 수의 차를 써넣으세요.

25

7	
1	

26

8	
2	

27

7	
5	

28

6	
4	

29

9	
5	

30

4	
2	

31

5	
4	

32

8	
7	

33

6	
3	

34

9	
3	

스스로 평가

차가 9까지인 수의 뺄셈

계산해 보세요.

1 1−1

2 7−2

3 3−0

4 6−2

5 3−1

6 9−0

7 2−1

8 1−0

9 4−2

10 8−1

11 2−0

12 6−1

13 2−2

14 7−0

15 4−1

16 9−2

17 6−0

18 3−2

19 8−0

20 5−1

21 8−2

22 4−0

23 7−1

24 5−2

□ 안에 알맞은 수를 써넣으세요.

25 9 → −4 → □

26 8 → −1 → □

27 5 → −3 → □

28 2 → −1 → □

29 4 → −3 → □

30 7 → −2 → □

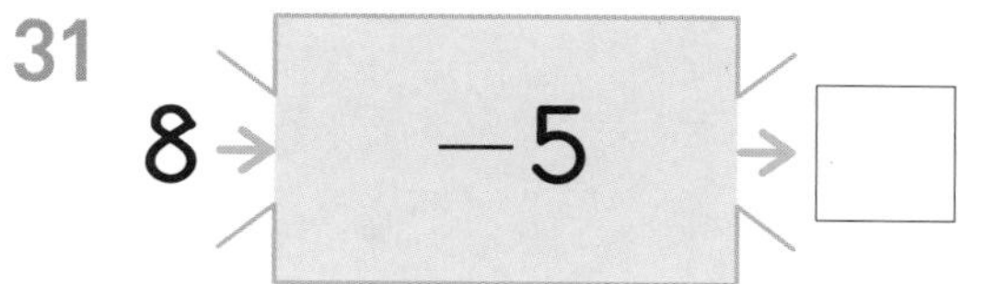

31 8 → −5 → □

32 6 → −3 → □

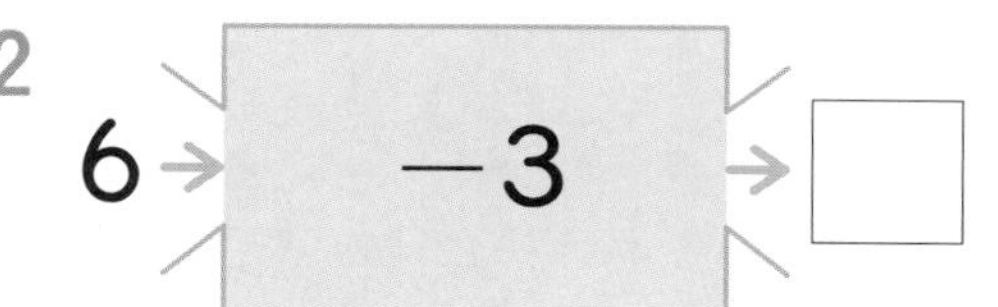

33 5 → −1 → □

34 9 → −2 → □

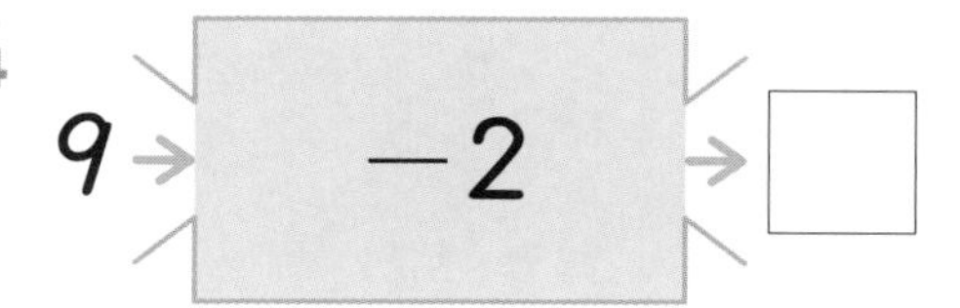

스스로 평가

5일 응용

차가 9까지인 수의 뺄셈

계산해 보세요.

1 $1-1$

2 $7-6$

3 $9-8$

4 $9-7$

5 $8-1$

6 $5-5$

7 $5-0$

8 $7-2$

9 $2-0$

10 $9-3$

11 $9-5$

12 $9-2$

13 $8-4$

14 $2-2$

15 $5-2$

16 $8-5$

17 $9-6$

18 $8-7$

19 $6-1$

20 $8-8$

21 $4-1$

22 $9-9$

23 $4-4$

24 $8-3$

 빈 곳에 알맞은 수를 써넣으세요.

25

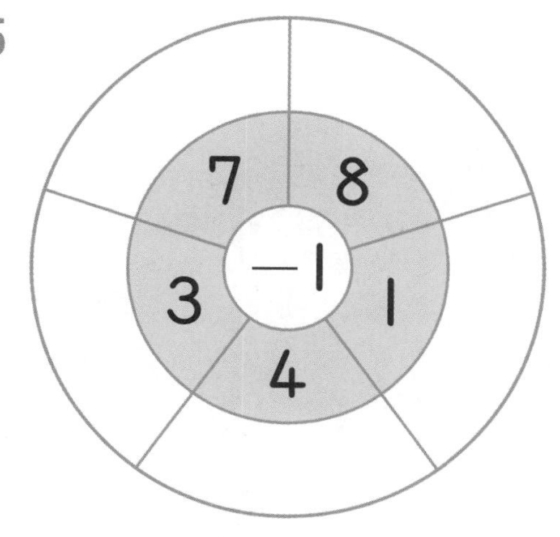

28

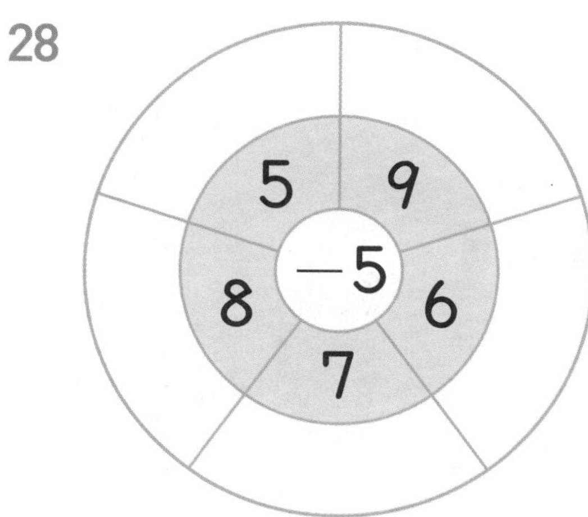

26

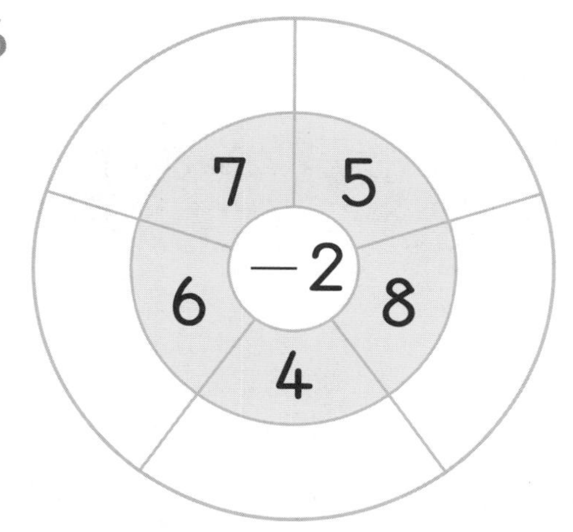

29

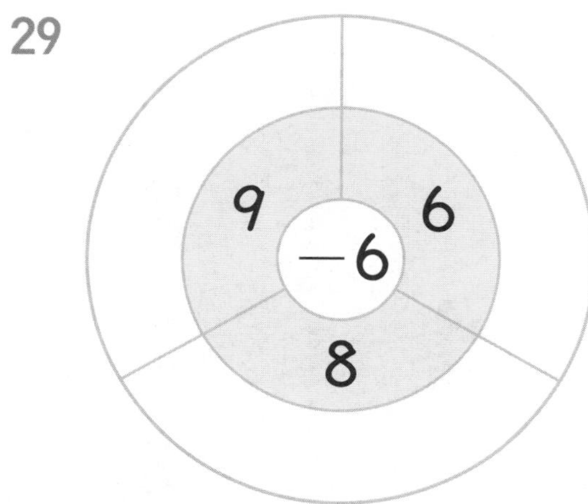

27

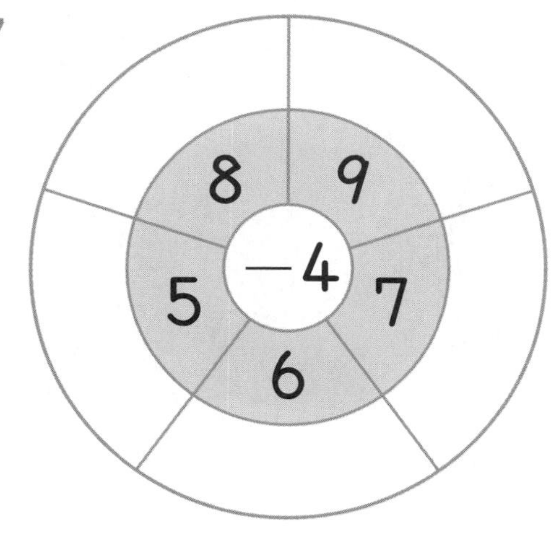

30

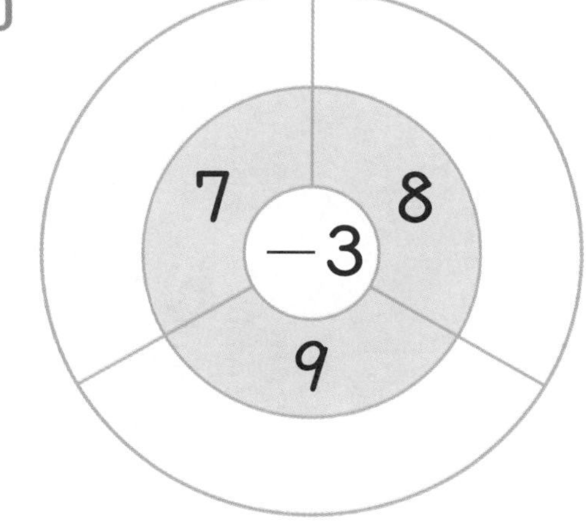

스스로 평가

뺄셈을 하여 알맞은 값을 따라 집에 가는 길을 찾아 보세요.

✎ 그림을 보고 뺄셈식을 만들어 보세요.

1

5	−	3	=	

2

6				

3

7				

4

4				

5

5				

6

8				

덧셈식과 뺄셈식 만들기

빨랫줄에 널어 놓은 옷 중에서 3개가 바람이 불어 바닥에 떨어지고 옷이 4개 남았어요. 덧셈식과 뺄셈식으로 나타내어 보세요.

(1) 빨랫줄에 남은 옷은 4개이고 떨어진 옷은 3개이므로 처음에 빨랫줄에 있던 옷의 수를 덧셈식으로 나타내면 $4 + 3 = 7$이에요.

(2) 빨랫줄에 남아 있는 옷의 수와 떨어진 옷의 수는 뺄셈식으로 나타낼 수 있어요.

빨랫줄에 남아 있는 옷의 수: $7 - 3 = 4$

(7: 처음 빨랫줄에 있던 옷의 수, 3: 떨어진 옷의 수)

떨어진 옷의 수: $7 - 4 = 3$

(7: 처음 빨랫줄에 있던 옷의 수, 4: 빨랫줄에 남아 있는 옷의 수)

학습계획

일차	1일 학습	2일 학습	3일 학습	4일 학습	5일 학습
공부할 날	월 일	월 일	월 일	월 일	월 일

+, − 중 알맞은 기호 쓰기

$5 \boxed{+} 3=8$ ➡ 왼쪽 두 수보다 등호(=)의 오른쪽 수가 커지면 더하기(+)를 한 것이에요.

$3 \boxed{-} 2=1$ ➡ 왼쪽 두 수보다 등호(=)의 오른쪽 수가 작아지면 빼기(−)를 한 것이에요.

주어진 수로 덧셈식과 뺄셈식 만들기

2
3 5

덧셈식 $2+3=5$, $3+2=5$

뺄셈식 $5-2=3$, $5-3=2$

덧셈식과 뺄셈식의 관계

(1) 덧셈식을 뺄셈식으로 나타내기

$4+3=7$ → $7-4=3$

$4+3=7$ → $7-3=4$

(2) 뺄셈식을 덧셈식으로 나타내기

$6-2=4$ → $2+4=6$

$6-2=4$ → $4+2=6$

두 수를 바꾸어 더해도 계산 결과는 같아요.

개념 쏙쏙 노트

$3+5=8$ [$8-3=5$, $8-5=3$

➡ 덧셈식은 2개의 뺄셈식으로 나타낼 수 있습니다.

$7-5=2$ [$2+5=7$, $5+2=7$

➡ 뺄셈식은 2개의 덧셈식으로 나타낼 수 있습니다.

1일 연습

덧셈식과 뺄셈식 만들기

그림을 보고 덧셈식과 뺄셈식을 만들어 보세요.

1

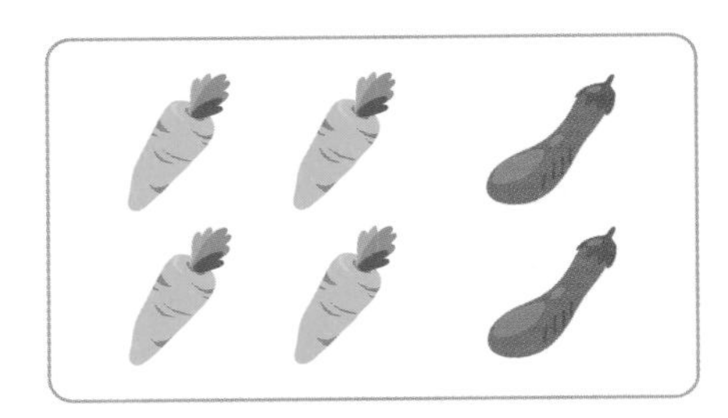

4 + □ = □

□ − 2 = □

2

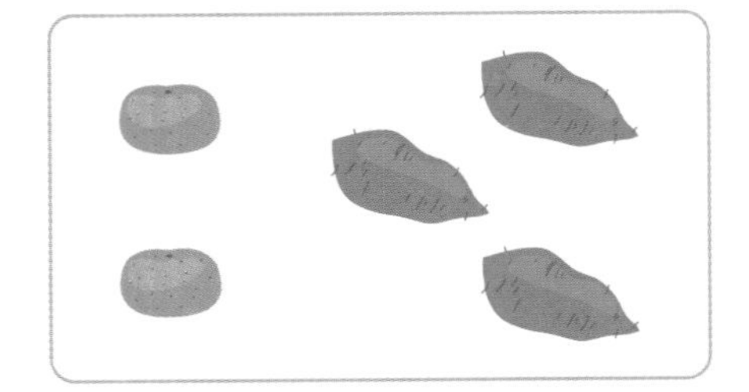

2 + □ = □

□ − 3 = □

3

3 + □ = □

□ − 1 = □

4

2 + □ = □

□ − 2 = □

5

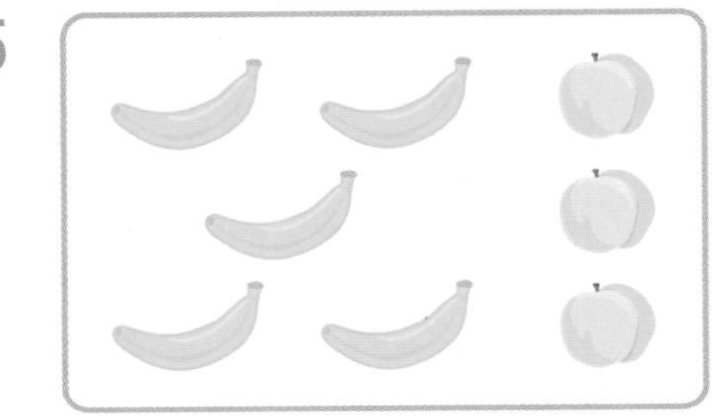

5 + □ = □

□ − 3 = □

6

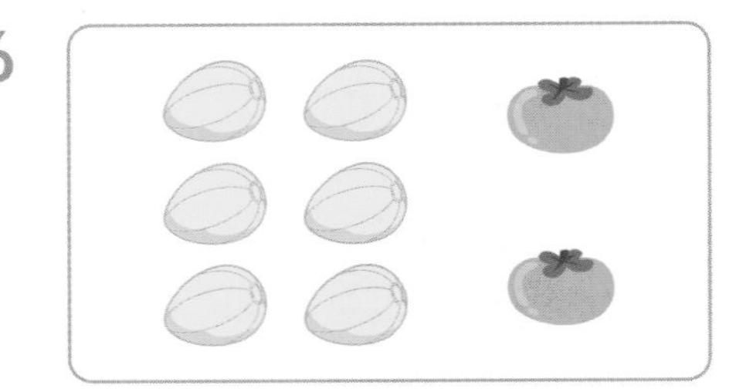

6 + □ = □

□ − 2 = □

공부한 날 월 일

맞힌 개수 개

걸린 시간 분

그림을 보고 덧셈식과 뺄셈식을 만들어 보세요.

7

$1 + \square = \square$

$\square - 2 = \square$

10

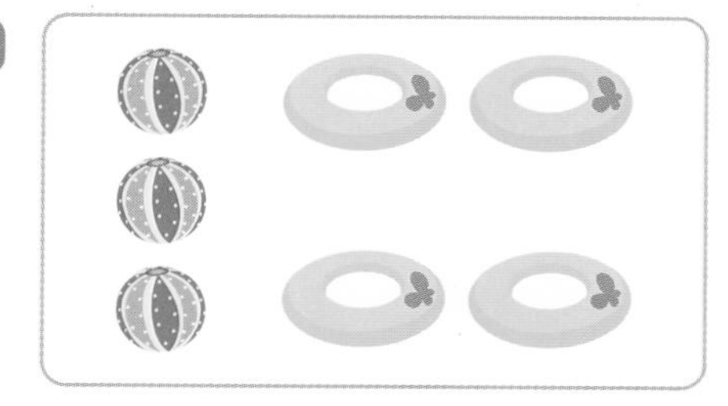

$3 + \square = \square$

$\square - 4 = \square$

8

$1 + \square = \square$

$\square - 4 = \square$

11

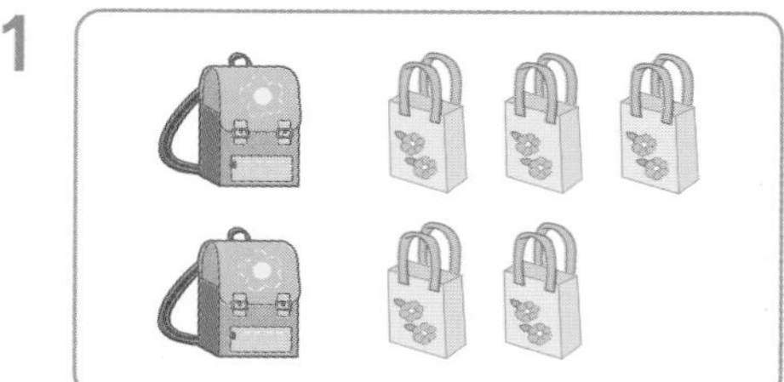

$2 + \square = \square$

$\square - 5 = \square$

9

$5 + \square = \square$

$\square - 4 = \square$

12

$4 + \square = \square$

$\square - 4 = \square$

스스로 평가

2일 반복 덧셈식과 뺄셈식 만들기

□ 안에 +와 − 중 알맞은 것을 써넣으세요.

1
3 □ 1 = 4
3 □ 1 = 2

2
7 □ 2 = 9
7 □ 2 = 5

3
5 □ 3 = 2
5 □ 3 = 8

4
4 □ 2 = 6
4 □ 2 = 2

5
6 □ 3 = 3
6 □ 3 = 9

6
4 □ 3 = 1
4 □ 3 = 7

7
8 □ 1 = 9
8 □ 1 = 7

8
4 □ 1 = 5
4 □ 1 = 3

9
5 □ 2 = 3
5 □ 2 = 7

10
3 □ 2 = 5
3 □ 2 = 1

11
6 □ 2 = 4
6 □ 2 = 8

12
5 □ 4 = 1
5 □ 4 = 9

13
6 □ 1 = 5
6 □ 1 = 7

14
2 □ 1 = 3
2 □ 1 = 1

15
7 □ 1 = 8
7 □ 1 = 6

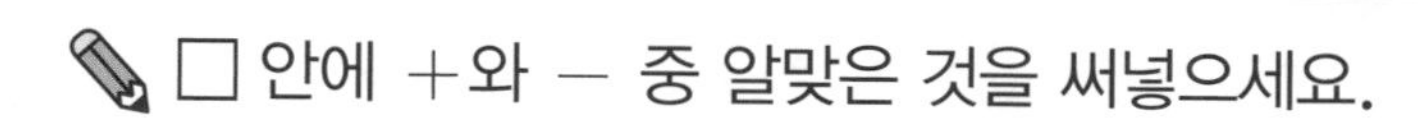

□ 안에 +와 − 중 알맞은 것을 써넣으세요.

16 2 □ 1=3

17 5 □ 3=2

18 7 □ 5=2

19 8 □ 3=5

20 4 □ 3=7

21 2 □ 5=7

22 4 □ 1=5

23 6 □ 3=3

24 7 □ 4=3

25 5 □ 2=3

26 2 □ 4=6

27 8 □ 5=3

28 7 □ 3=4

29 7 □ 2=9

30 6 □ 4=2

31 2 □ 6=8

32 7 □ 2=5

33 8 □ 4=4

34 6 □ 2=4

35 3 □ 6=9

36 4 □ 4=8

3일 반복 덧셈식과 뺄셈식 만들기

세 수로 덧셈식과 뺄셈식을 만들어 보세요.

1 2 6 4

$2 + 4 = 6$

$4 + 2 = \square$

$6 - 2 = \square$

$6 - 4 = \square$

2 3 2 5

$2 + \square = \square$

$3 + \square = \square$

$\square - 2 = \square$

$\square - 3 = \square$

3 4 3 7

$3 + \square = \square$

$4 + \square = \square$

$\square - 3 = \square$

$\square - 4 = \square$

4 3 5 8

$3 + 5 = 8$

$5 + \square = \square$

$8 - 3 = \square$

$\square - 5 = \square$

5 9 4 5

$4 + \square = \square$

$5 + \square = \square$

$\square - 4 = \square$

$\square - 5 = \square$

6 7 5 2

$2 + \square = \square$

$5 + \square = \square$

$\square - 2 = \square$

$\square - 5 = \square$

세 수로 덧셈식과 뺄셈식을 만들어 보세요.

7

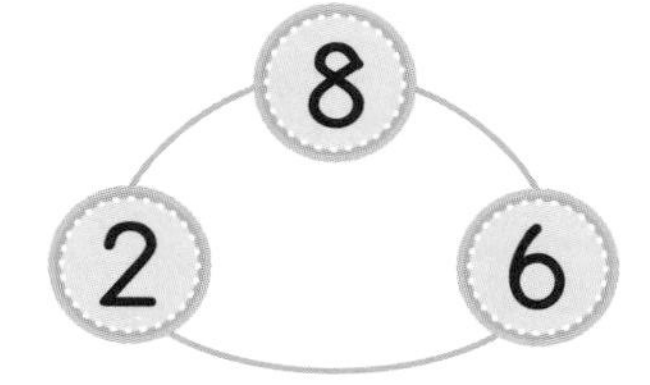

2 + ☐ = ☐

☐ − 6 = ☐

8

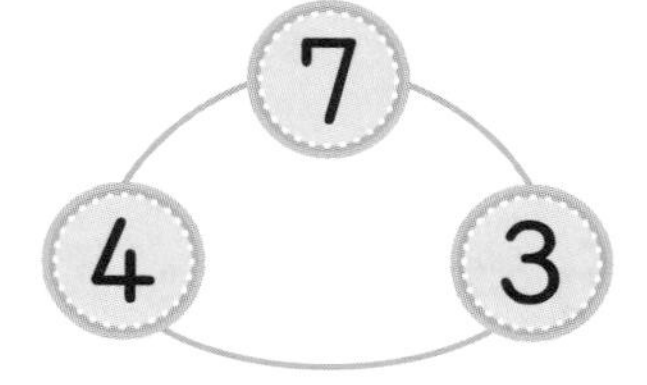

4 + ☐ = ☐

☐ − 3 = ☐

9

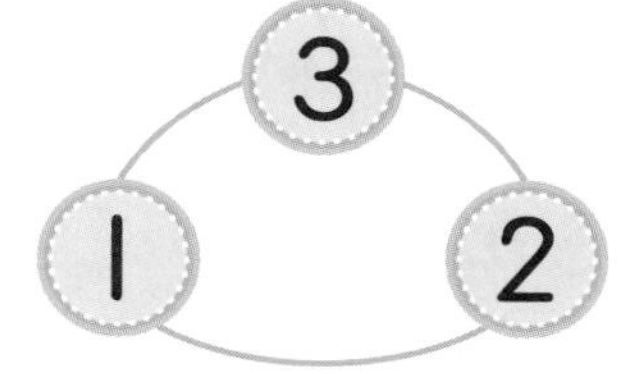

1 + ☐ = ☐

☐ − 2 = ☐

10

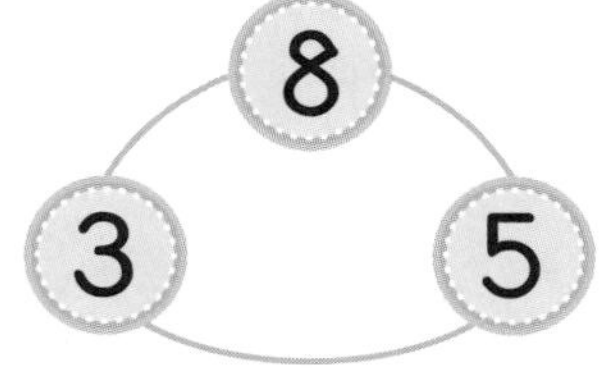

3 + ☐ = ☐

☐ − 5 = ☐

11

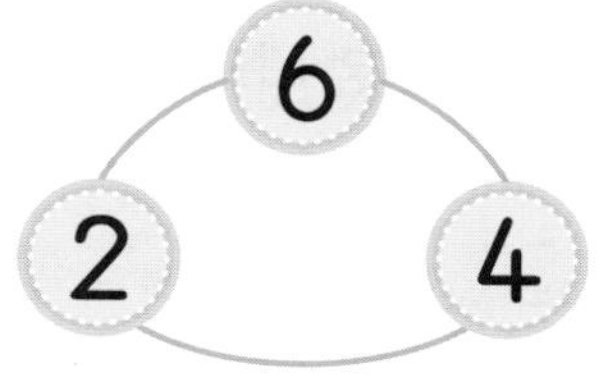

☐ + 4 = ☐

☐ − 4 = ☐

12

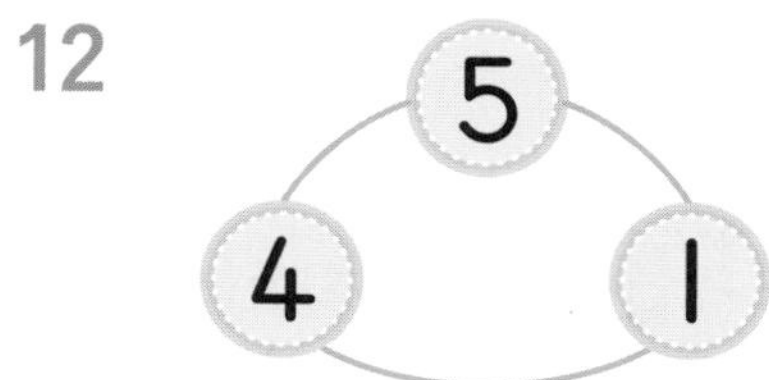

☐ + 1 = ☐

☐ − 1 = ☐

13

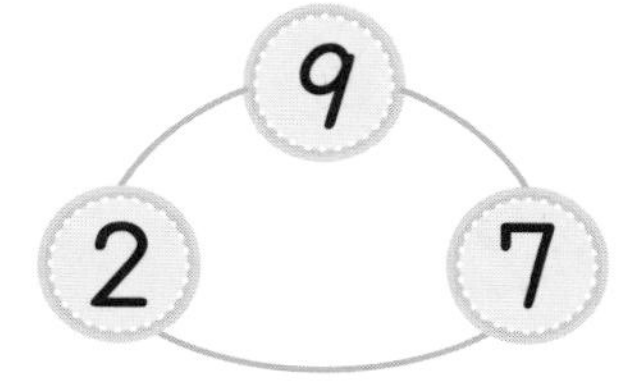

☐ + 7 = ☐

☐ − 7 = ☐

14

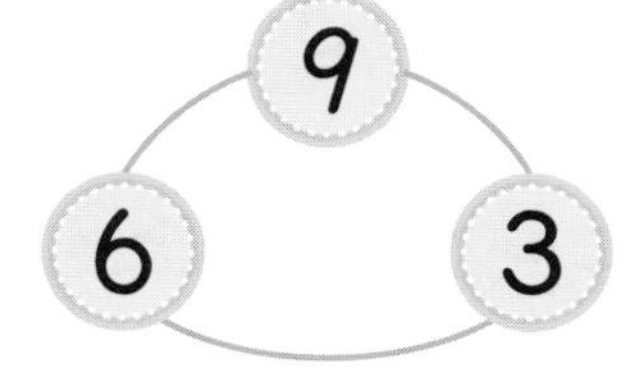

☐ + 3 = ☐

☐ − 3 = ☐

스스로 평가

4일 반복

덧셈식과 뺄셈식 만들기

덧셈식을 뺄셈식으로 나타내어 보세요.

1 $6+3=\square$

- $\square-6=3$
- $\square-3=6$

2 $2+5=\square$

- $7-\square=5$
- $7-\square=2$

3 $1+2=\square$

- $\square-1=2$
- $\square-2=1$

4 $3+4=\square$

- $7-\square=4$
- $7-\square=3$

5 $4+1=\square$

- $5-4=\square$
- $5-1=\square$

6 $3+2=\square$

- $\square-3=2$
- $\square-2=3$

7 $6+2=\square$

- $8-6=\square$
- $8-2=\square$

8 $5+4=\square$

- $\square-5=4$
- $\square-4=5$

9 $2+4=\square$

- $6-\square=4$
- $6-\square=2$

10 $5+3=\square$

- $8-5=\square$
- $8-3=\square$

4주

덧셈식을 뺄셈식으로 나타내어 보세요.

11 $4+3=\square$

- $7-\square=3$
- $\square-\square=\square$

12 $4+5=\square$

- $9-4=\square$
- $\square-\square=\square$

13 $5+1=\square$

- $\square-5=\square$
- $\square-\square=\square$

14 $2+3=\square$

- $5-2=\square$
- $\square-\square=\square$

15 $4+2=\square$

- $6-\square=2$
- $\square-\square=\square$

16 $1+6=\square$

- $\square-1=\square$
- $\square-\square=\square$

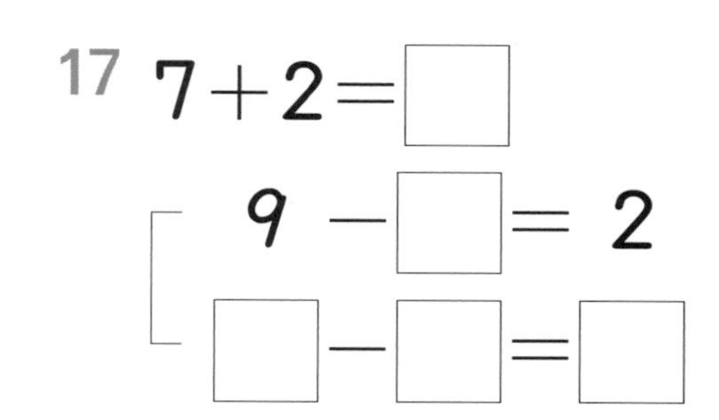

17 $7+2=\square$

- $9-\square=2$
- $\square-\square=\square$

18 $5+2=\square$

- $7-5=\square$
- $\square-\square=\square$

19 $8+1=\square$

- $\square-8=\square$
- $\square-\square=\square$

20 $2+6=\square$

- $8-2=\square$
- $\square-\square=\square$

스스로 평가

5일 응용

덧셈식과 뺄셈식 만들기

뺄셈식을 덧셈식으로 나타내어 보세요.

1 $5-3=\square$

$\square+3=5$

$\square+2=5$

2 $6-2=\square$

$4+\square=6$

$2+\square=6$

3 $8-3=\square$

$5+3=\square$

$3+\square=8$

4 $7-2=\square$

$5+\square=7$

$2+\square=\square$

5 $9-3=\square$

$\square+3=9$

$\square+6=\square$

6 $9-5=\square$

$4+5=\square$

$5+4=\square$

7 $7-3=\square$

$\square+3=7$

$\square+4=7$

8 $6-4=\square$

$\square+4=6$

$4+2=\square$

9 $4-1=\square$

$3+\square=4$

$1+\square=\square$

10 $8-6=\square$

$2+\square=8$

$6+\square=\square$

 뺄셈식을 덧셈식으로 나타내어 보세요.

11 $6-1=\square$
- $5+1=\square$
- $1+\square=\square$

12 $8-5=\square$
- $3+\square=\square$
- $\square+\square=\square$

13 $5-4=\square$
- $\square+\square=\square$
- $4+\square=\square$

14 $7-5=\square$
- $\square+5=\square$
- $\square+\square=\square$

15 $9-4=\square$
- $\square+4=\square$
- $\square+\square=\square$

16 $8-7=\square$
- $\square+7=8$
- $\square+\square=\square$

17 $5-2=\square$
- $3+\square=\square$
- $\square+\square=\square$

18 $4-3=\square$
- $1+\square=\square$
- $\square+\square=\square$

19 $7-4=\square$
- $3+\square=\square$
- $\square+\square=\square$

20 $8-2=\square$
- $\square+2=\square$
- $\square+\square=\square$

스스로 평가

4주 생각 수학

관계있는 식을 찾아 같은 동물 붙임 딱지를 붙여 보세요. 붙임딱지

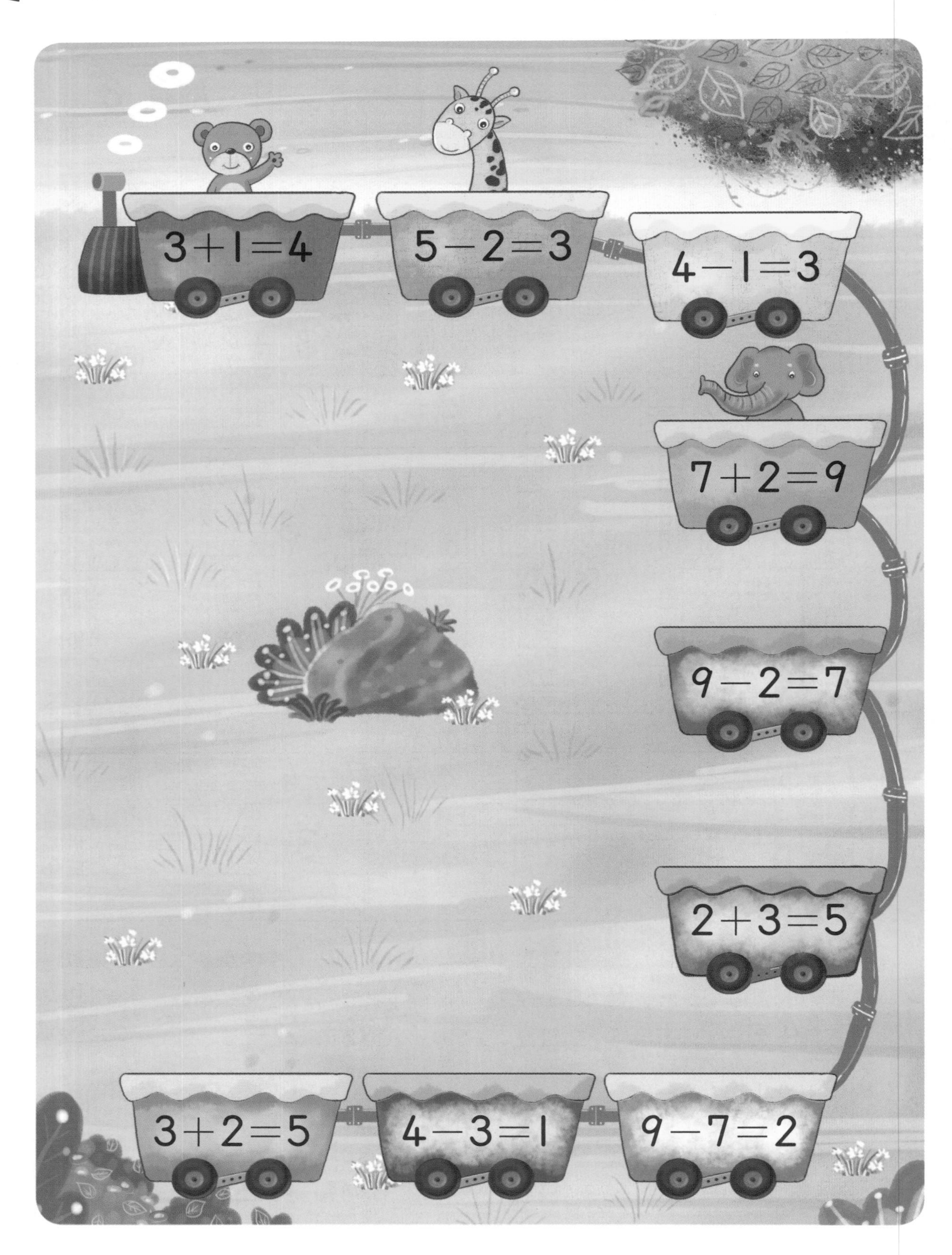

✎ 빈 곳에 덧셈식은 뺄셈식으로, 뺄셈식은 덧셈식으로 나타내어 보세요.

덧셈식과 뺄셈식 완성하기

미연이는 친구에게 인형 2개를 선물 받았어요. 미연이가 가지고 있는 인형이 모두 7개가 되었다면 선물 받기 전에 미연이가 가지고 있던 인형은 몇 개인가요?

? + (인형 2개) = (인형 5개) (인형 2개)

$\square+2=7$

알 수 없는 수는 □로 나타내요.

$\square+2=7$ → (덧셈식과 뺄셈식의 관계 이용) $7-2=\square$ ➡ $\square=5$

□를 '=' 오른쪽으로 가도록 식을 만들어요.

□+2=7을 덧셈식과 뺄셈식의 관계를 이용하여 뺄셈식으로 나타내면 7−2=□, □=5이므로 미연이가 가지고 있던 인형은 5개예요.

일차	1일 학습	2일 학습	3일 학습	4일 학습	5일 학습
공부할 날	월 일	월 일	월 일	월 일	월 일

로봇 5개 중에서 몇 개를 동생에게 주었더니 3개가 남았어요. 동생에게 준 로봇은 몇 개인가요?

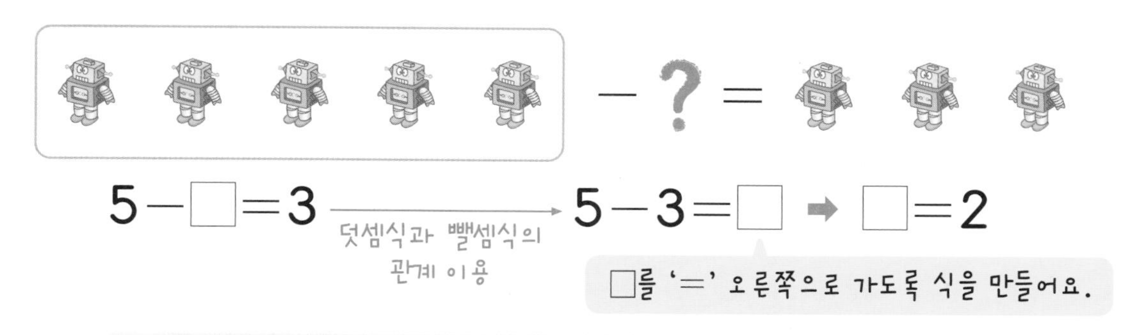

$5-\square=3$ → (덧셈식과 뺄셈식의 관계 이용) $5-3=\square$ ➡ $\square=2$

□를 '=' 오른쪽으로 가도록 식을 만들어요.

$5-\square=3$을 덧셈식과 뺄셈식의 관계를 이용하여 뺄셈식으로 나타내면
$5-3=\square$, $\square=2$이므로 동생에게 준 로봇은 2개예요.

덧셈식과 뺄셈식의 관계를 이용하여 □에 알맞은 수 구하기

(1) 덧셈식에서 □에 알맞은 수 구하기

- $5+\square=5$ ➡ $5-5=\square$ ➡ $\square=0$
- $\square+4=6$ ➡ $6-4=\square$ ➡ $\square=2$

덧셈식은 뺄셈식으로 나타내면 □를 알 수 있어요.

(2) 뺄셈식에서 □에 알맞은 수 구하기

- $7-\square=3$ ➡ $7-3=\square$ ➡ $\square=4$
- $\square-2=5$ ➡ $2+5=\square$ ➡ $\square=7$

뺄셈식은 □의 위치에 따라 덧셈식이나 뺄셈식으로 나타내요.

개념 쏙쏙 노트

- 덧셈식과 뺄셈식에서 모르는 수를 구할 때에는 덧셈식과 뺄셈식의 관계를 이용해서 구합니다.

$2+\square=3$ → $3-2=\square$ ➡ $\square=1$

$4-\square=2$ → $4-2=\square$ ➡ $\square=2$

덧셈식과 뺄셈식 완성하기

덧셈식을 완성해 보세요.

1

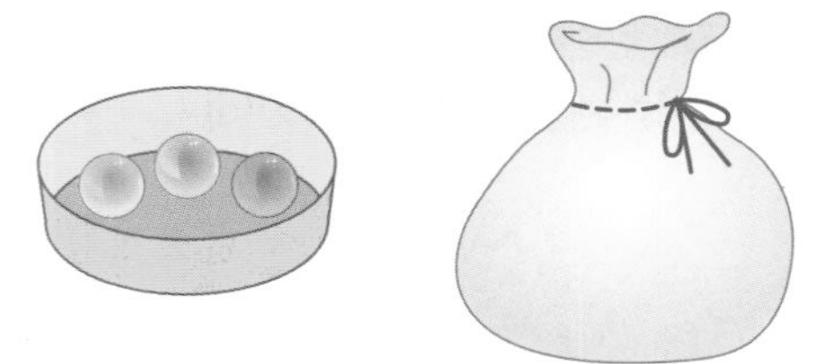

$3+\square=5$

2

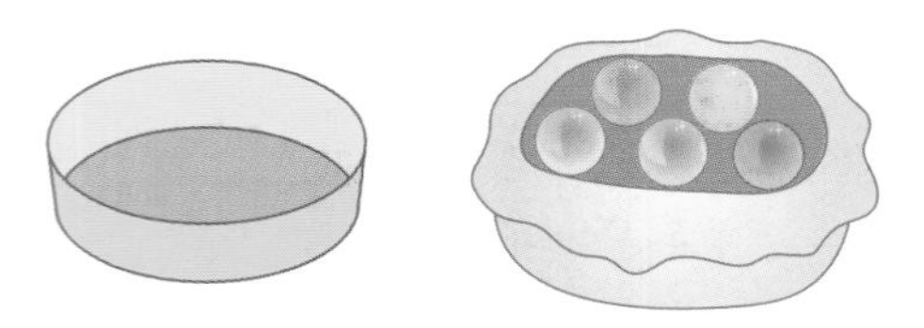

$0+\square=5$

3

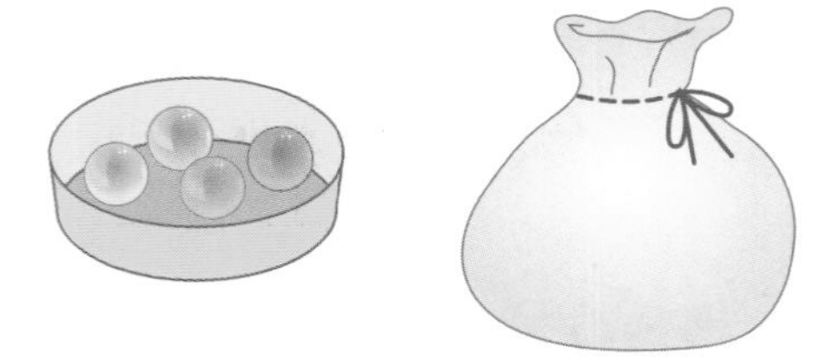

$4+\square=9$

4

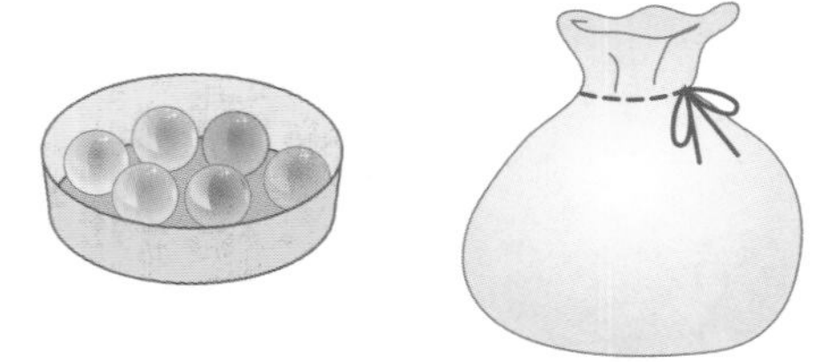

$6+\square=8$

5

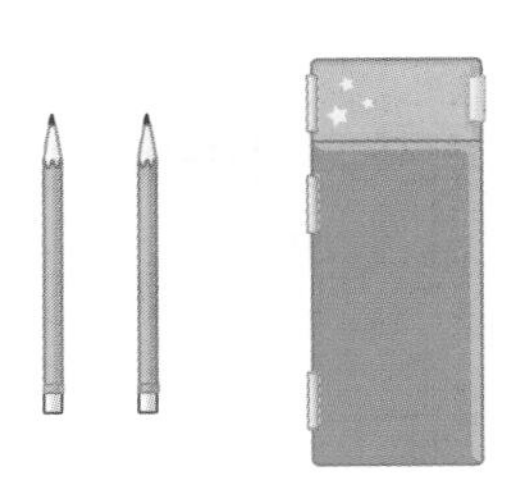

$2+\square=7$

6

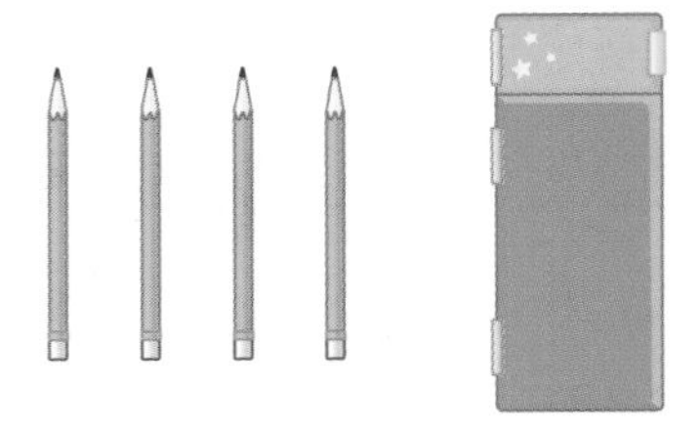

$4+\square=4$

7

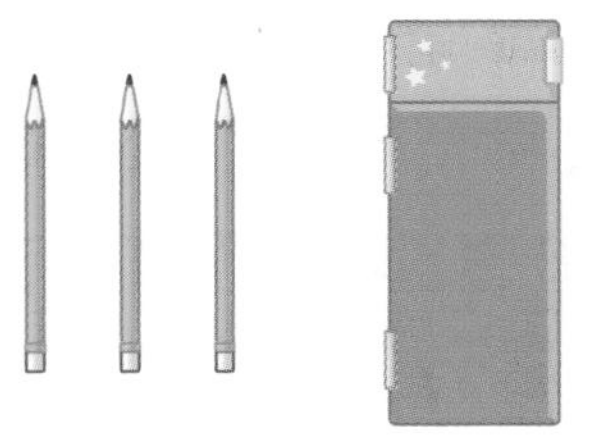

$3+\square=7$

8

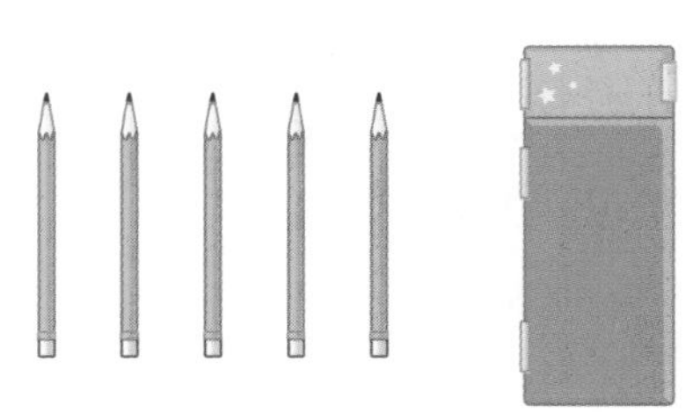

$5+\square=8$

그림을 보고 뺄셈식을 완성해 보세요.

9

$4 - \square = 2$

13

$6 - \square = 4$

10

$6 - \square = 3$

14

$7 - \square = 3$

11

$5 - \square = 2$

15

$9 - \square = 6$

12

$8 - \square = 3$

16

$8 - \square = 4$

스스로 평가

2일 반복 덧셈식과 뺄셈식 완성하기

□ 안에 알맞은 수를 써넣으세요.

1 $4+\square=5$

2 $3+\square=7$

3 $\square+3=8$

4 $4+\square=8$

5 $3+\square=5$

6 $8+\square=9$

7 $4+\square=4$

8 $\square+7=9$

9 $4+\square=9$

10 $\square+1=5$

11 $3+\square=6$

12 $1+\square=4$

13 $\square+6=9$

14 $1+\square=2$

15 $2+\square=8$

16 $2+\square=7$

17 $\square+2=4$

18 $\square+6=6$

19 $5+\square=8$

20 $4+\square=6$

21 $\square+1=7$

□ 안에 알맞은 수를 써넣으세요.

22 $\square+1=6$

23 $3+\square=4$

24 $\square+2=9$

25 $1+\square=3$

26 $\square+5=7$

27 $2+\square=6$

28 $\square+1=9$

29 $7+\square=9$

30 $\square+3=9$

31 $6+\square=8$

32 $3+\square=3$

33 $\square+6=7$

34 $2+\square=5$

35 $\square+3=7$

36 $\square+4=8$

37 $1+\square=8$

38 $2+\square=3$

39 $\square+4=7$

40 $2+\square=4$

41 $1+\square=5$

42 $\square+5=9$

스스로 평가

덧셈식과 뺄셈식 완성하기

□ 안에 알맞은 수를 써넣으세요.

1 $4-\square=3$

2 $\square-3=5$

3 $9-\square=6$

4 $\square-5=2$

5 $7-\square=4$

6 $\square-6=3$

7 $\square-4=4$

8 $\square-4=5$

9 $\square-4=3$

10 $6-\square=3$

11 $\square-2=1$

12 $5-\square=3$

13 $4-\square=2$

14 $\square-4=2$

15 $\square-5=3$

16 $3-\square=2$

17 $\square-1=4$

18 $4-\square=1$

19 $\square-2=5$

20 $2-\square=2$

21 $8-\square=1$

공부한 날 월 일 | 맞힌 개수 개 | 걸린 시간 분

 □ 안에 알맞은 수를 써넣으세요.

22 $\square-7=2$

29 $8-\square=2$

36 $\square-3=4$

23 $8-\square=6$

30 $6-\square=6$

37 $7-\square=2$

24 $\square-5=4$

31 $\square-3=6$

38 $\square-2=4$

25 $\square-5=1$

32 $7-\square=6$

39 $2-\square=0$

26 $6-\square=2$

33 $\square-3=1$

40 $5-\square=2$

27 $\square-2=3$

34 $\square-4=1$

41 $3-\square=0$

28 $9-\square=5$

35 $7-\square=1$

42 $4-\square=3$

스스로 평가

4일 반복

덧셈식과 뺄셈식 완성하기

□ 안에 알맞은 수를 써넣으세요.

1 $\square+3=7$

2 $7-\square=4$

3 $\square+2=8$

4 $\square-1=2$

5 $\square+4=9$

6 $9-\square=2$

7 $\square-2=3$

8 $7-\square=3$

9 $\square+5=9$

10 $\square-2=2$

11 $\square+2=9$

12 $\square-6=2$

13 $\square+3=8$

14 $8-\square=4$

15 $\square-3=3$

16 $6+\square=7$

17 $\square+1=6$

18 $2-\square=2$

19 $6+\square=9$

20 $\square-2=4$

21 $\square+2=6$

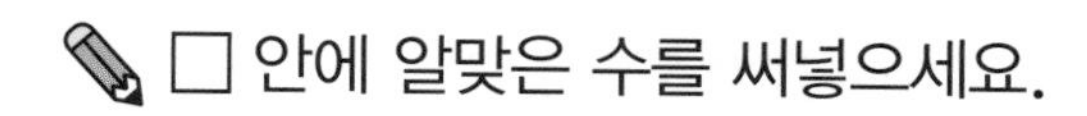

□ 안에 알맞은 수를 써넣으세요.

22 $\square-8=1$

23 $5+\square=9$

24 $9-2=\square$

25 $6+\square=8$

26 $\square-2=5$

27 $4+\square=6$

28 $\square-3=6$

29 $\square+2=4$

30 $\square-3=5$

31 $5+\square=7$

32 $\square+2=5$

33 $\square-5=1$

34 $8+\square=8$

35 $\square-5=2$

36 $4+\square=7$

37 $7+\square=9$

38 $3-\square=0$

39 $6-\square=2$

40 $\square+1=9$

41 $\square+1=8$

42 $5-\square=2$

스스로 평가

덧셈식과 뺄셈식 완성하기

□ 안에 알맞은 수를 써넣으세요.

1
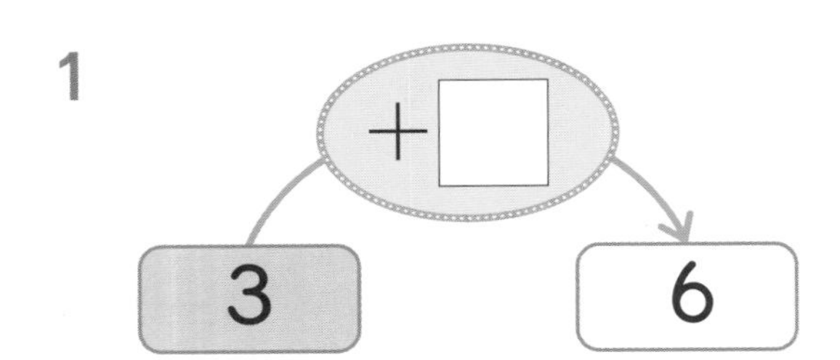

2
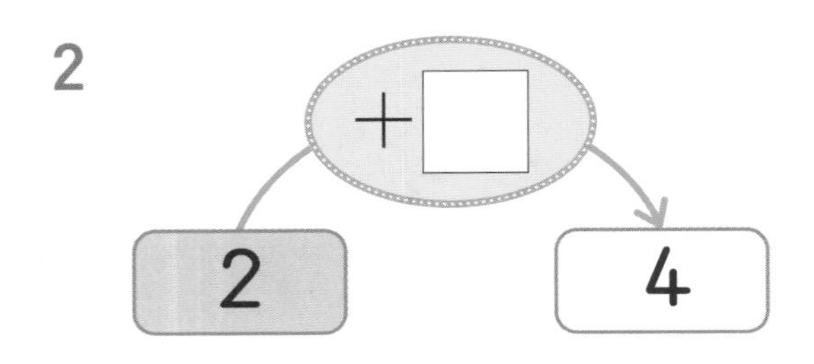

3
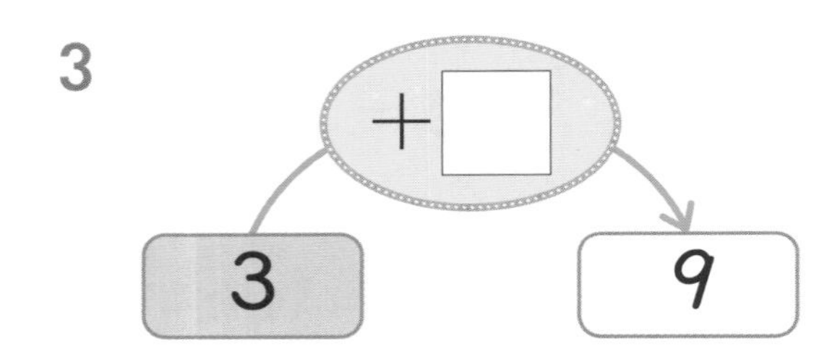

4
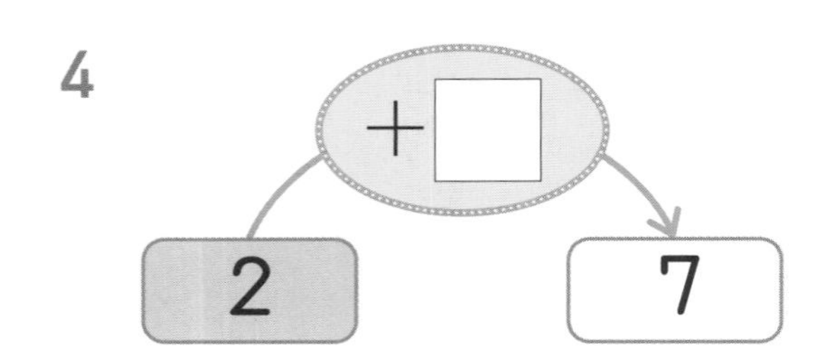

5
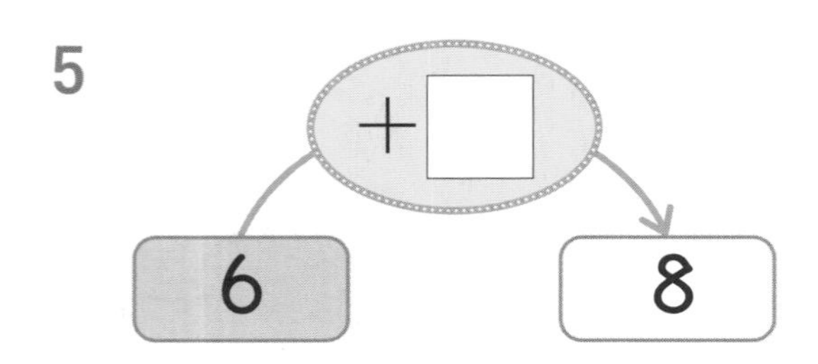

6
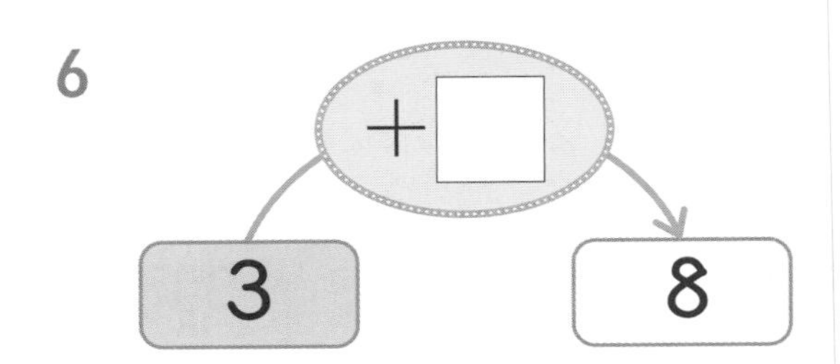

7
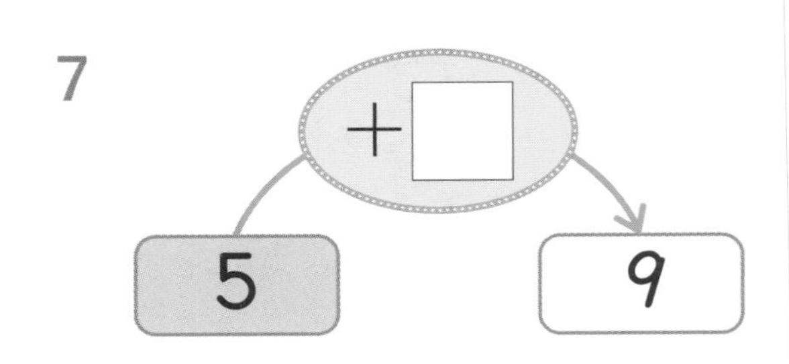

8
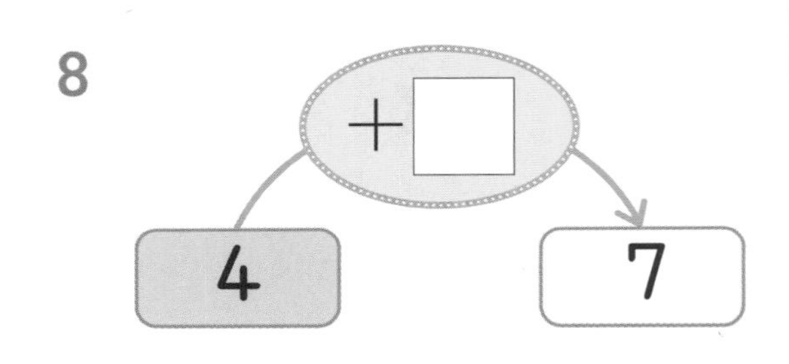

9
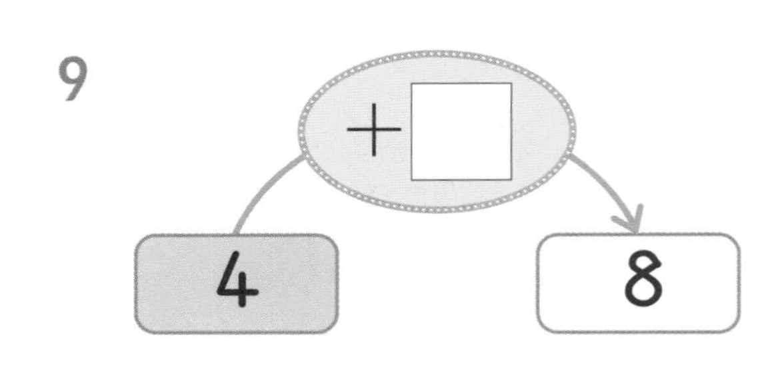

10
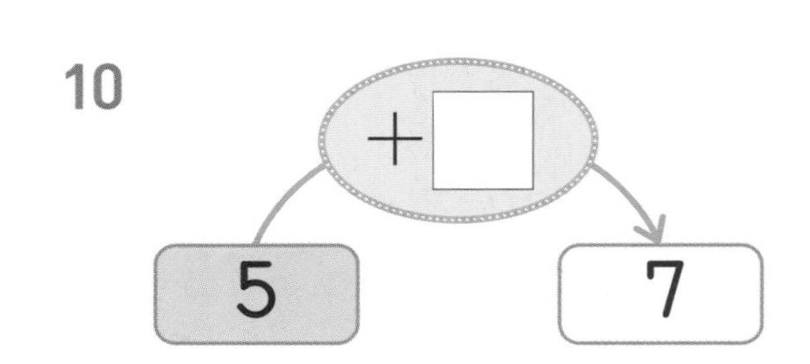

11
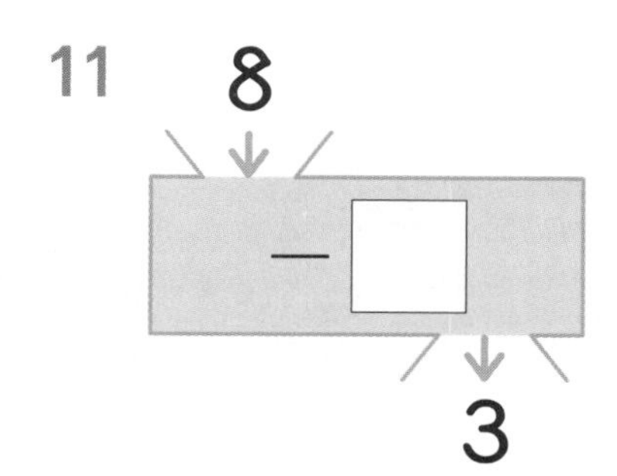

12
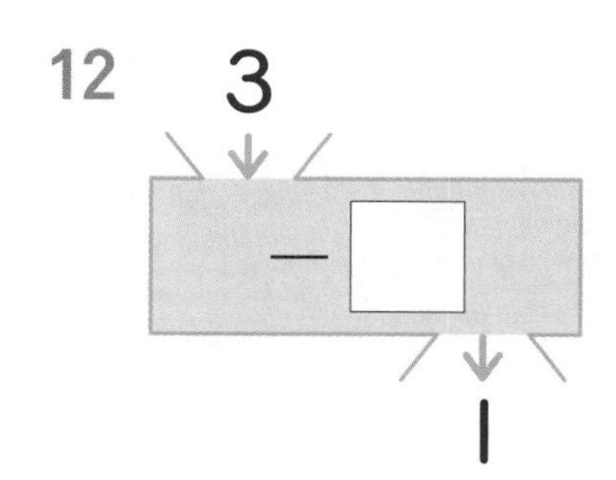

13
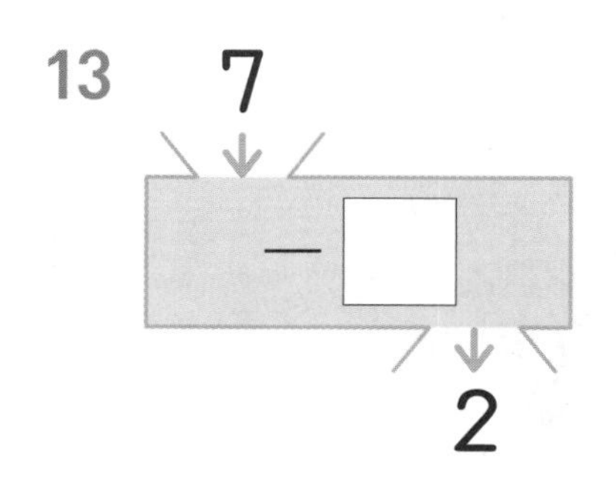

14
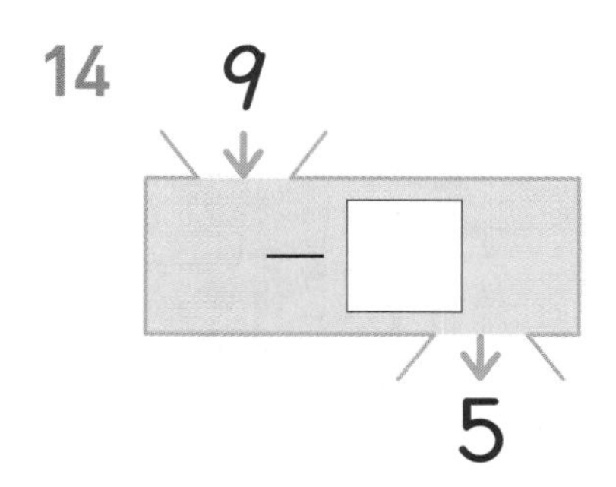

15
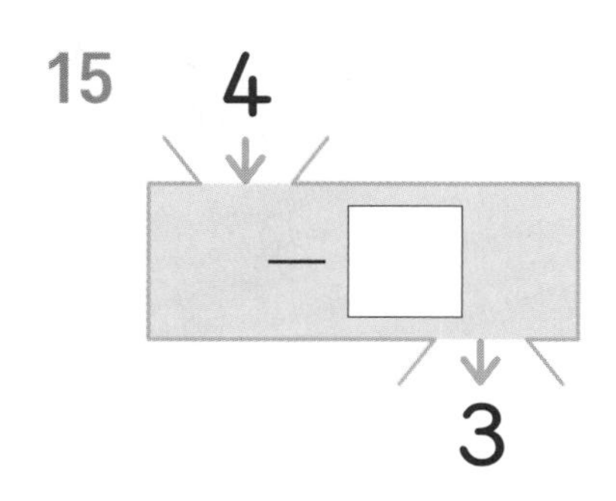

16
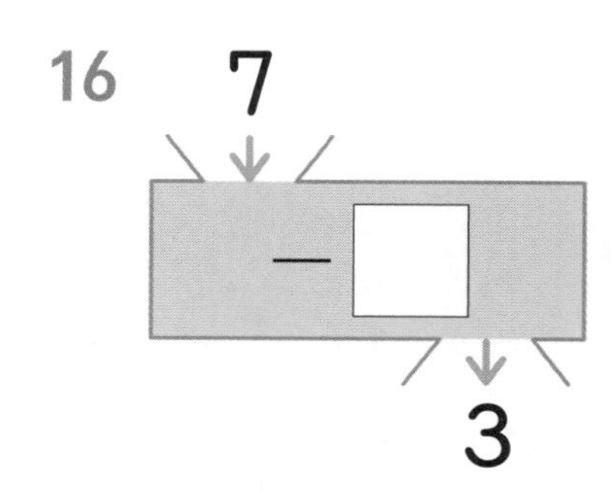

17
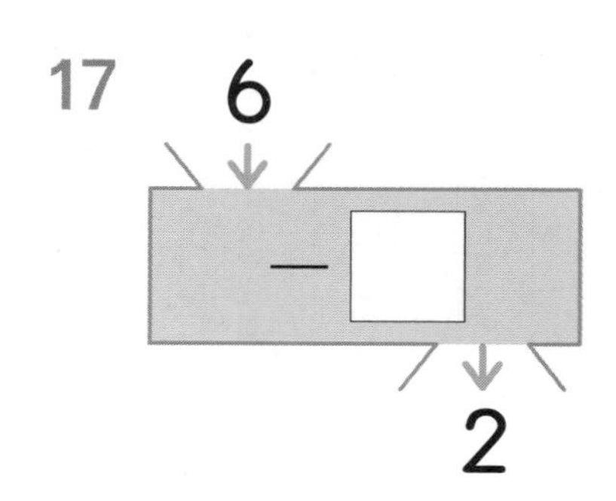

18
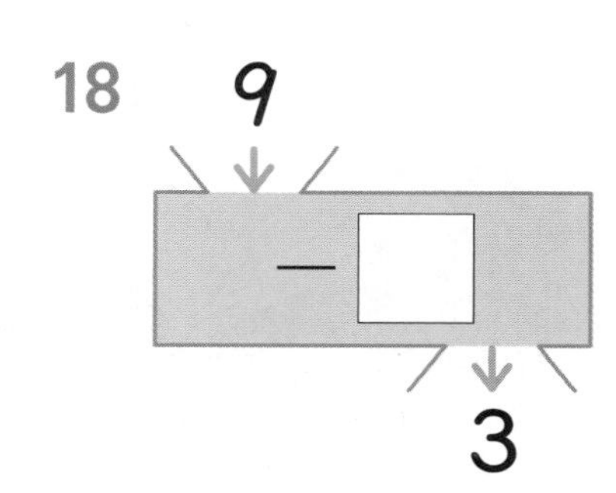

19
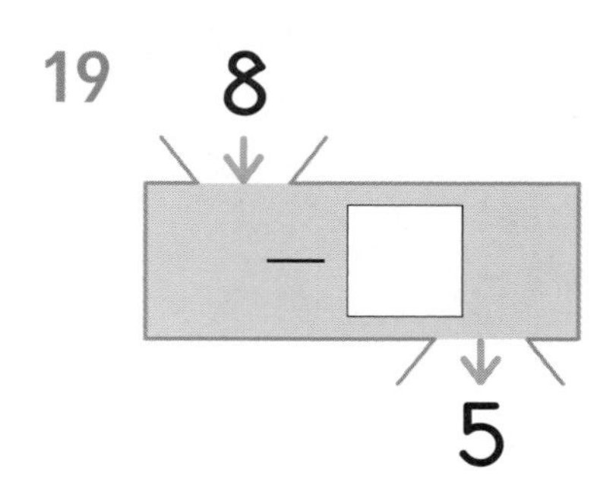

20
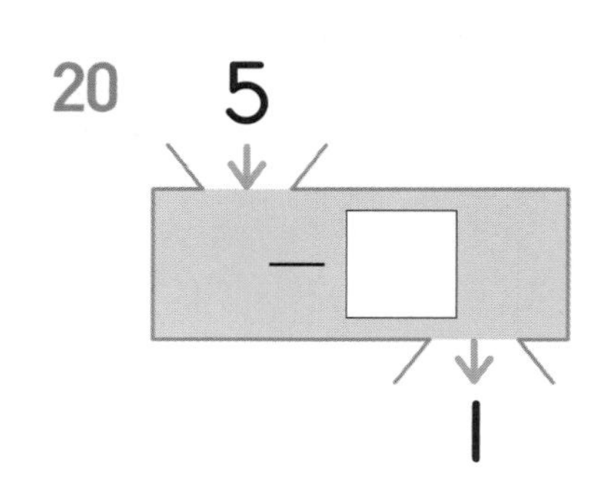

스스로 평가

✎ 방에서 나가기 위해서는 비밀번호가 필요해요. 쪽지의 □ 안에 알맞은 수를 구해 비밀번호를 찾아보세요.

① ② ③ ④

비밀번호는 □ □ □ □ 입니다.

✎ 양쪽에 있는 수의 크기가 같아지도록 빈 곳에 알맞은 수를 써넣으세요.

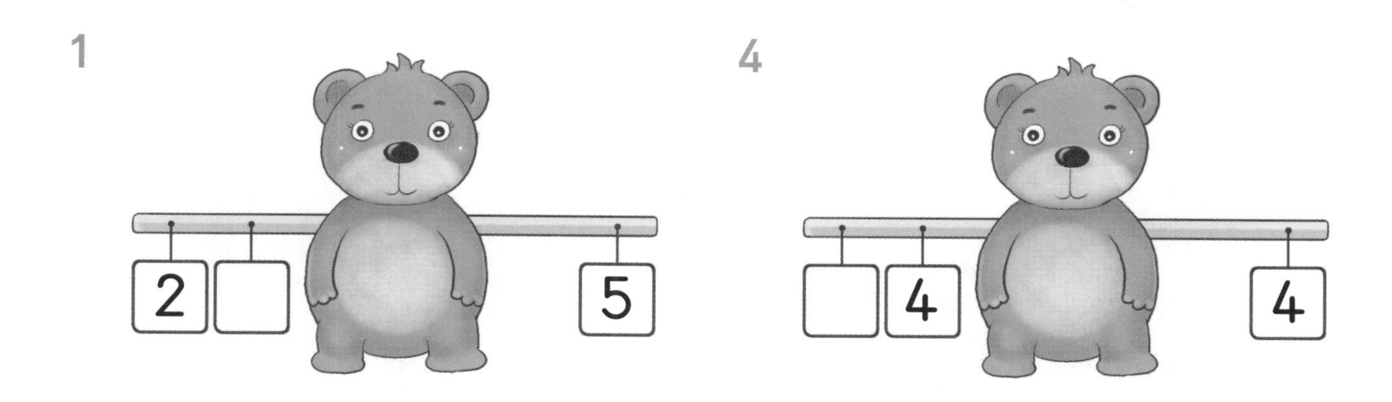

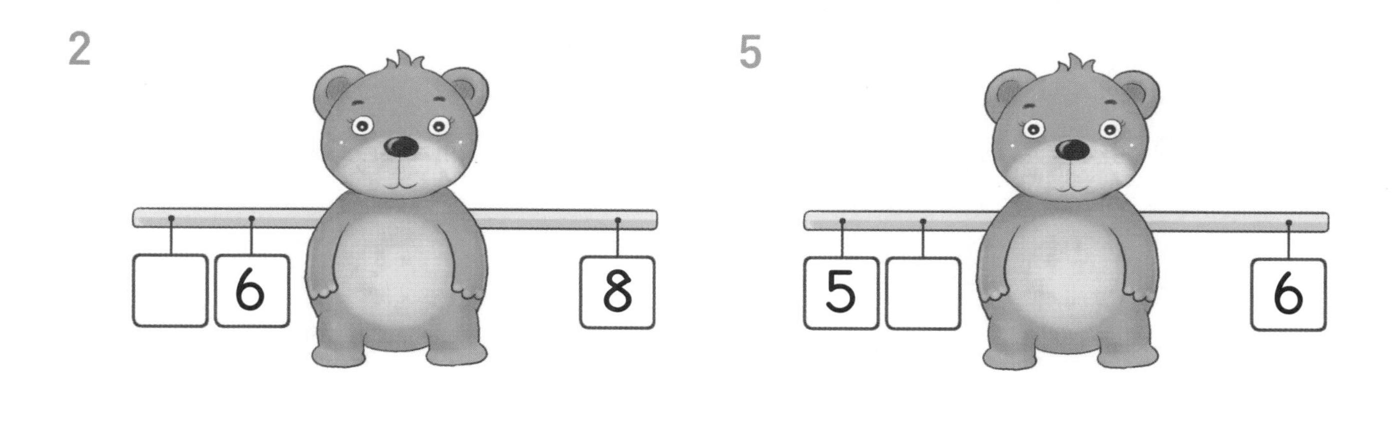

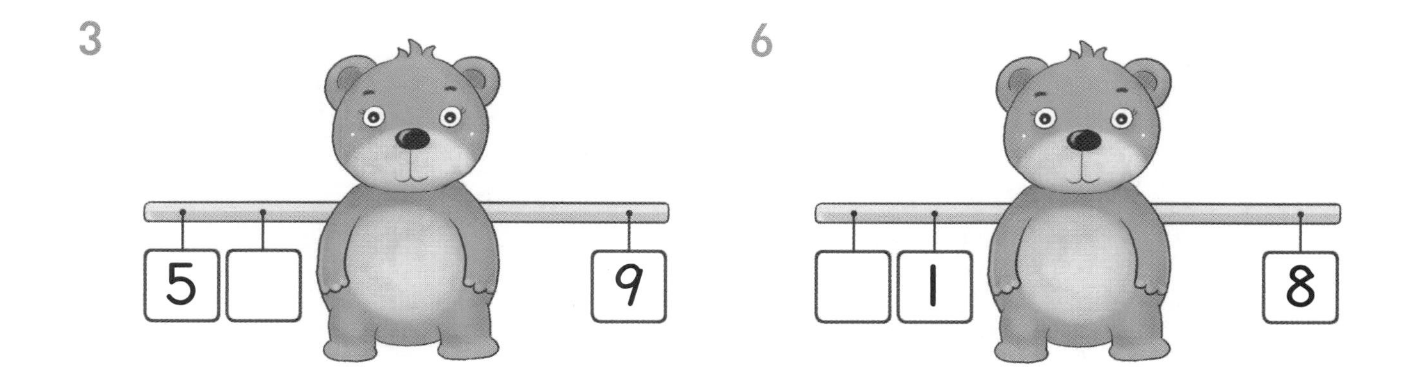

(몇십) + (몇), (몇) + (몇십)

야구 경기를 응원하기 위해 첫째 줄에는 10명, 둘째 줄에는 5명이 앉아 있어요. 앉아 있는 사람은 모두 몇 명인가요?

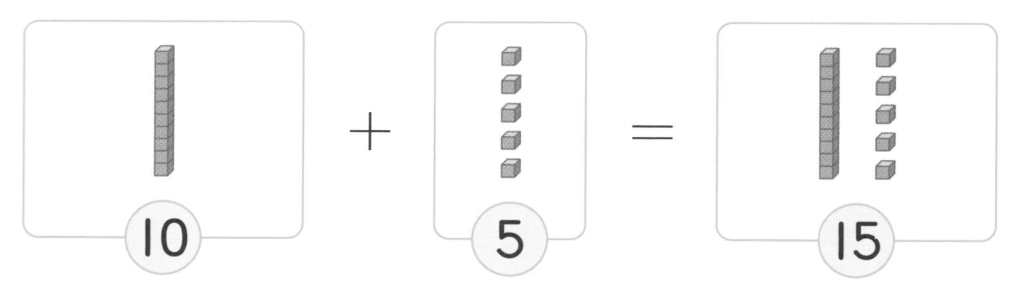

$10+5=15$

	십의 자리	일의 자리
	1	0
+		5
	1	5

0+5=5

1을 그대로 내려 쓰기

10+5=15이므로 앉아 있는 사람은 모두 15명이에요.

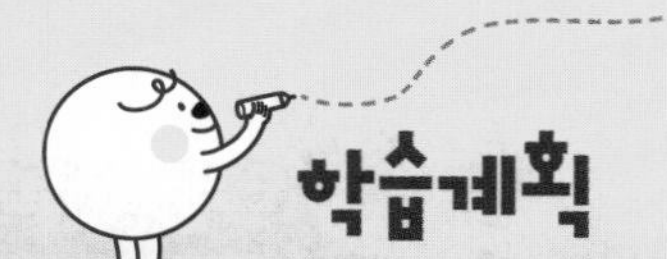

일차	1일 학습	2일 학습	3일 학습	4일 학습	5일 학습
공부할 날	월 일	월 일	월 일	월 일	월 일

(몇)+(몇십) 구하기

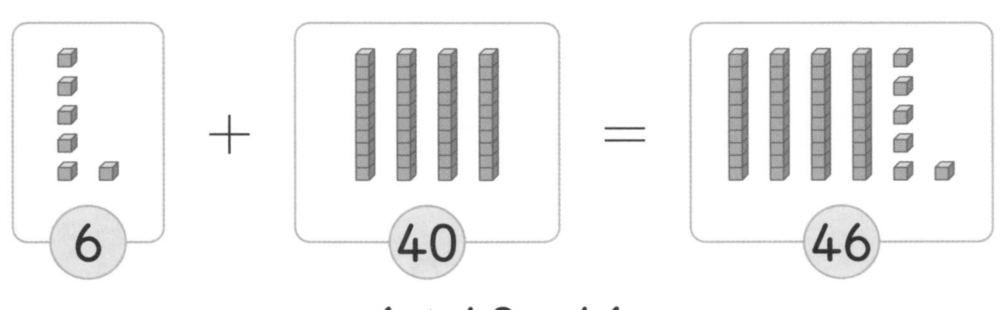

$6+40=46$

세로셈

	십의 자리	일의 자리
		6
+	4	0
	4	6

6+0=6

4를 그대로 내려 쓰기

가로셈

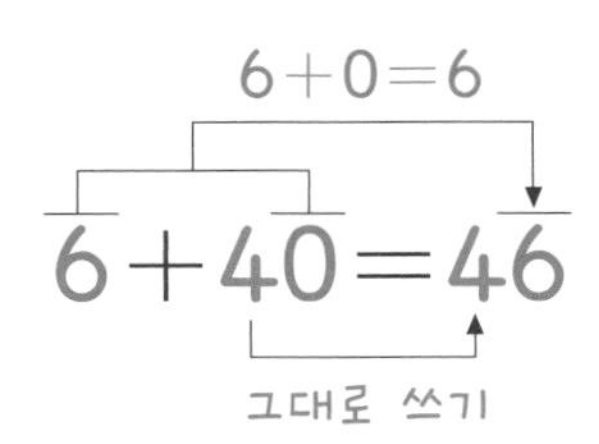

주의

	3	0
+		2
	5	2

(×)

일의 자리 수 2를 십의 자리 수와 일의 자리 수에 모두 더해서 틀렸어요.

		8
+	6	0
1	4	0

(×)

8을 일의 자리 수에는 더하지 않고 십의 자리 수에 더해서 틀렸어요.

개념 쏙쏙 노트

- (몇십)+(몇), (몇)+(몇십) 계산하기
  ① 0과 일의 자리 수를 더하여 일의 자리에 씁니다.
  ② 십의 자리 수는 그대로 십의 자리에 씁니다.

(몇십) + (몇), (몇) + (몇십)

계산해 보세요.

1. $10 + 2$
2. $10 + 5$
3. $20 + 6$
4. $60 + 4$
5. $90 + 9$
6. $20 + 4$
7. $70 + 3$
8. $80 + 4$
9. $90 + 8$
10. $40 + 3$
11. $80 + 5$
12. $30 + 6$
13. $50 + 2$
14. $90 + 4$
15. $60 + 5$

공부한 날 월 일

맞힌 개수 개

걸린 시간 분

 계산해 보세요.

16 $20+3$

17 $10+6$

18 $50+1$

19 $30+2$

20 $60+8$

21 $40+7$

22 $40+8$

23 $70+4$

24 $50+5$

25 $70+6$

26 $80+2$

27 $20+1$

28 $80+3$

29 $30+7$

30 $50+4$

31 $10+5$

32 $90+1$

33 $30+5$

34 $10+4$

35 $60+9$

36 $40+2$

스스로 평가

2일 반복 (몇십) + (몇), (몇) + (몇십)

계산해 보세요.

1

		7
+	1	0

2

		1
+	8	0

3

		1
+	5	0

4

		7
+	9	0

5

		4
+	3	0

6

		3
+	8	0

7

		7
+	2	0

8

		3
+	4	0

9

		6
+	7	0

10

		5
+	5	0

11

		2
+	3	0

12

		2
+	1	0

13

		8
+	6	0

14

		8
+	4	0

15

		9
+	1	0

계산해 보세요.

16 $8+30$

17 $3+50$

18 $8+90$

19 $9+10$

20 $3+70$

21 $8+20$

22 $8+80$

23 $9+40$

24 $2+50$

25 $2+70$

26 $5+10$

27 $7+40$

28 $7+30$

29 $2+20$

30 $5+90$

31 $5+60$

32 $1+40$

33 $6+20$

34 $4+60$

35 $6+10$

36 $4+80$

스스로 평가

(몇십) + (몇), (몇) + (몇십)

계산해 보세요.

1 $\begin{array}{r} 20 \\ +\ \ 5 \\ \hline \end{array}$

2 $\begin{array}{r} 6 \\ +\ 90 \\ \hline \end{array}$

3 $\begin{array}{r} 80 \\ +\ \ 4 \\ \hline \end{array}$

4 $\begin{array}{r} 30 \\ +\ \ 6 \\ \hline \end{array}$

5 $\begin{array}{r} 3 \\ +\ 30 \\ \hline \end{array}$

6 $\begin{array}{r} 90 \\ +\ \ 4 \\ \hline \end{array}$

7 $\begin{array}{r} 40 \\ +\ \ 2 \\ \hline \end{array}$

8 $\begin{array}{r} 30 \\ +\ \ 3 \\ \hline \end{array}$

9 $\begin{array}{r} 1 \\ +\ 20 \\ \hline \end{array}$

10 $\begin{array}{r} 5 \\ +\ 40 \\ \hline \end{array}$

11 $\begin{array}{r} 70 \\ +\ \ 8 \\ \hline \end{array}$

12 $\begin{array}{r} 2 \\ +\ 50 \\ \hline \end{array}$

13 $\begin{array}{r} 3 \\ +\ 70 \\ \hline \end{array}$

14 $\begin{array}{r} 50 \\ +\ \ 7 \\ \hline \end{array}$

15 $\begin{array}{r} 90 \\ +\ \ 5 \\ \hline \end{array}$

16 $\begin{array}{r} 10 \\ +\ \ 2 \\ \hline \end{array}$

17 $\begin{array}{r} 6 \\ +\ 50 \\ \hline \end{array}$

18 $\begin{array}{r} 40 \\ +\ \ 7 \\ \hline \end{array}$

계산해 보세요.

19 $60+2$

20 $5+10$

21 $70+7$

22 $6+30$

23 $40+3$

24 $8+70$

25 $50+4$

26 $1+10$

27 $4+20$

28 $80+5$

29 $90+3$

30 $2+70$

31 $60+8$

32 $9+50$

33 $10+7$

34 $5+30$

35 $10+4$

36 $3+60$

37 $5+20$

38 $7+80$

39 $30+9$

(몇십) + (몇), (몇) + (몇십)

계산해 보세요.

1
$$\begin{array}{r} 6 \\ +\;40 \\ \hline \end{array}$$

2
$$\begin{array}{r} 80 \\ +\;4 \\ \hline \end{array}$$

3
$$\begin{array}{r} 3 \\ +\;90 \\ \hline \end{array}$$

4
$$\begin{array}{r} 40 \\ +\;9 \\ \hline \end{array}$$

5
$$\begin{array}{r} 2 \\ +\;50 \\ \hline \end{array}$$

6
$$\begin{array}{r} 80 \\ +\;9 \\ \hline \end{array}$$

7
$$\begin{array}{r} 10 \\ +\;3 \\ \hline \end{array}$$

8
$$\begin{array}{r} 5 \\ +\;20 \\ \hline \end{array}$$

9
$$\begin{array}{r} 1 \\ +\;40 \\ \hline \end{array}$$

10
$$\begin{array}{r} 4 \\ +\;30 \\ \hline \end{array}$$

11
$$\begin{array}{r} 20 \\ +\;6 \\ \hline \end{array}$$

12
$$\begin{array}{r} 6 \\ +\;30 \\ \hline \end{array}$$

13
$$\begin{array}{r} 3 \\ +\;60 \\ \hline \end{array}$$

14
$$\begin{array}{r} 50 \\ +\;1 \\ \hline \end{array}$$

15
$$\begin{array}{r} 70 \\ +\;5 \\ \hline \end{array}$$

16
$$\begin{array}{r} 8 \\ +\;90 \\ \hline \end{array}$$

17
$$\begin{array}{r} 9 \\ +\;40 \\ \hline \end{array}$$

18
$$\begin{array}{r} 90 \\ +\;5 \\ \hline \end{array}$$

계산해 보세요.

19 $60+3$

26 $80+3$

33 $70+4$

20 $20+5$

27 $40+2$

34 $5+90$

21 $6+10$

28 $4+50$

35 $10+9$

22 $70+3$

29 $30+6$

36 $90+4$

23 $7+70$

30 $8+40$

37 $9+20$

24 $10+6$

31 $20+4$

38 $60+2$

25 $1+90$

32 $3+30$

39 $5+30$

스스로 평가

(몇십)＋(몇), (몇)＋(몇십)

빈 곳에 두 수의 합을 써넣으세요.

1

6

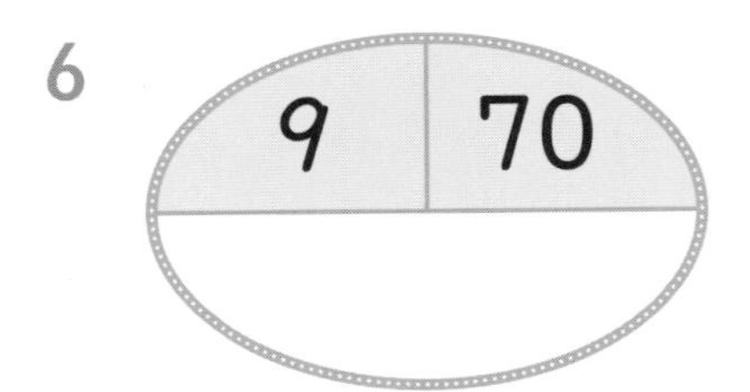

2

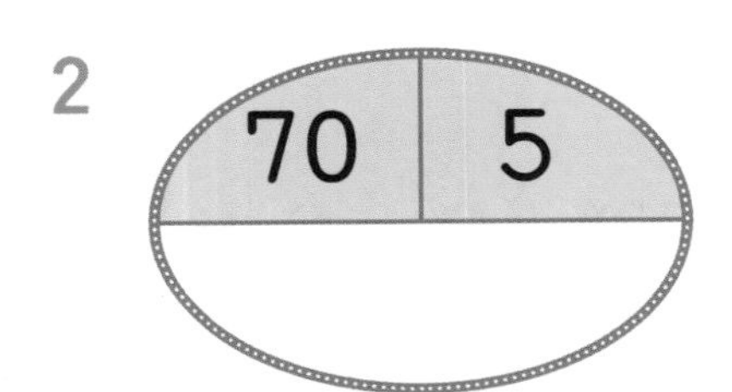

7

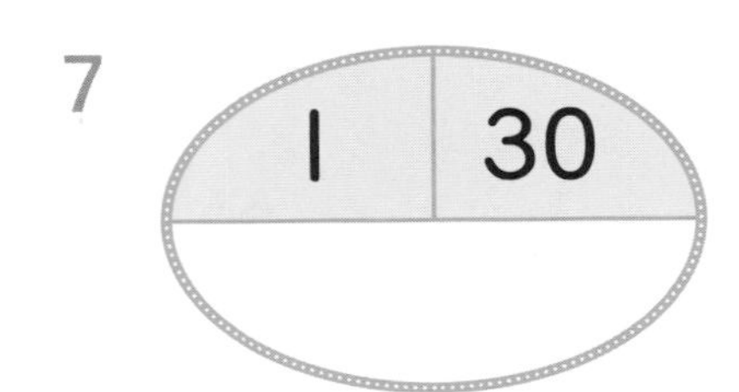

3

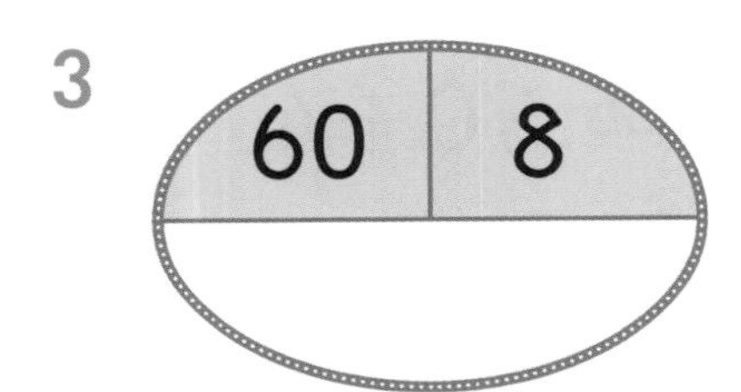

8

4

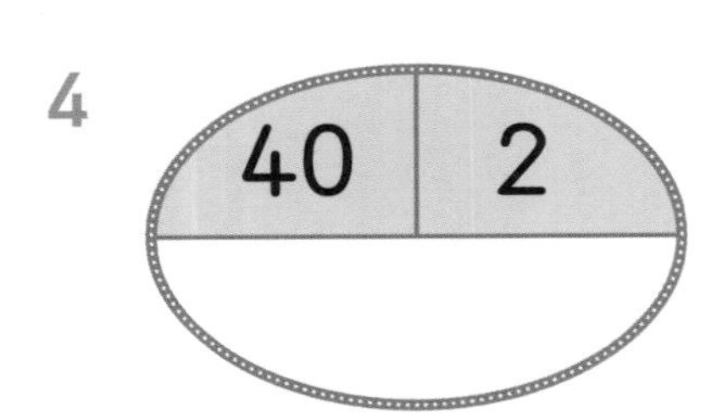

9

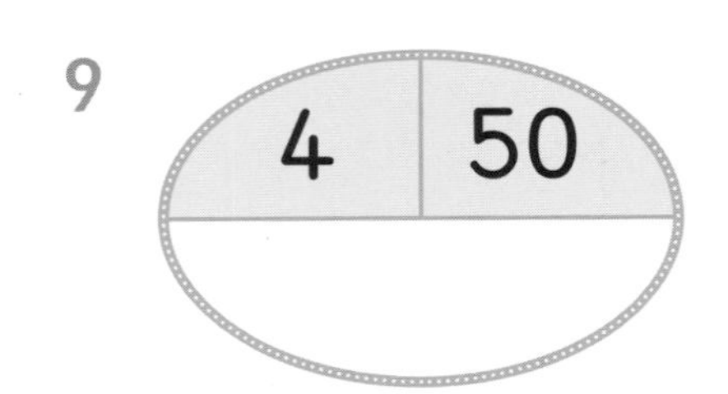

5

6 | 10

10

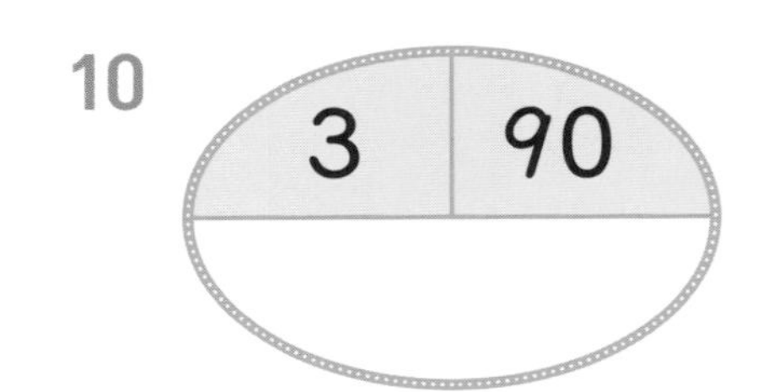

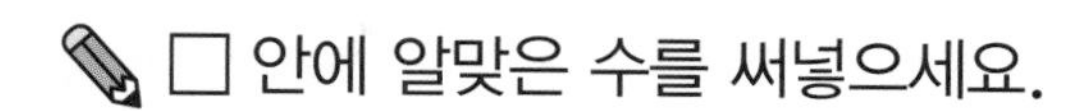
□ 안에 알맞은 수를 써넣으세요.

11
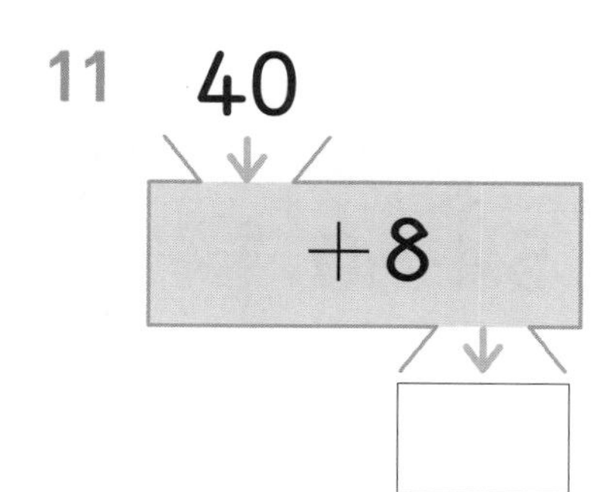

12
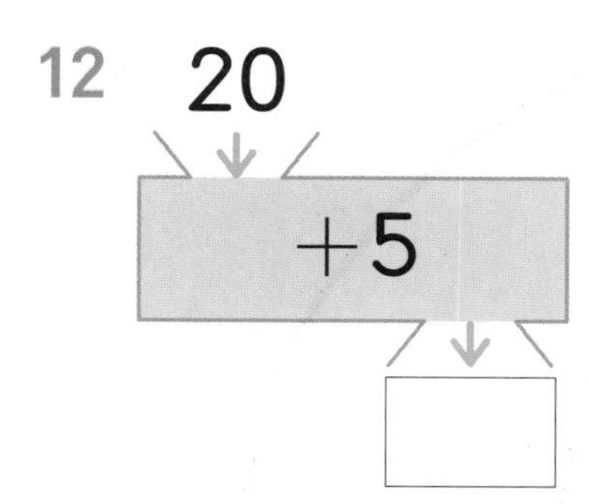

13
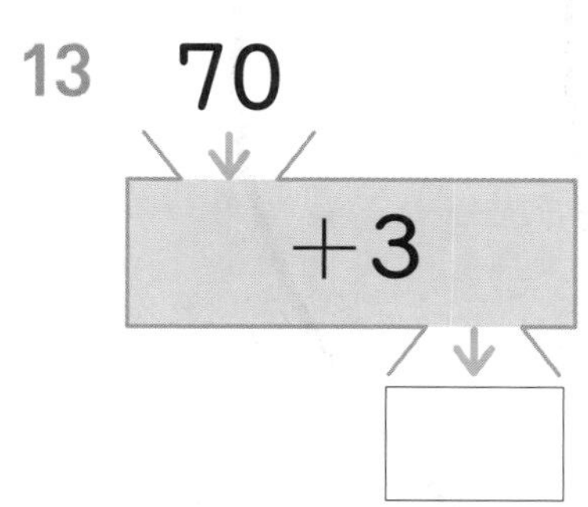

14
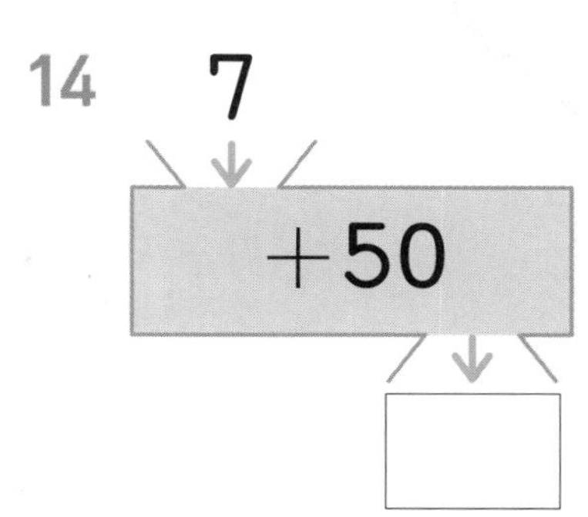

15 8

+90

□

16
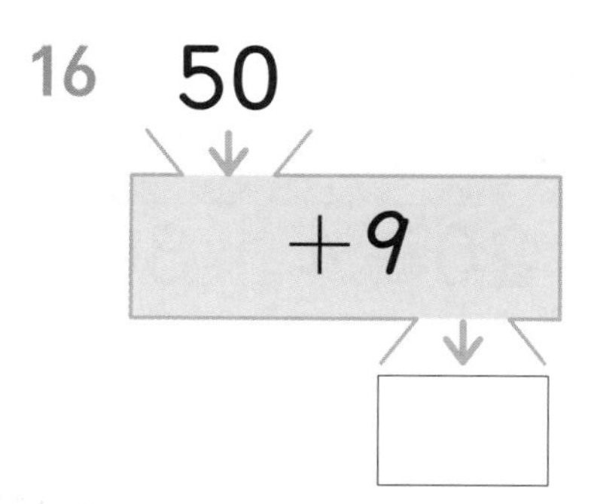

17
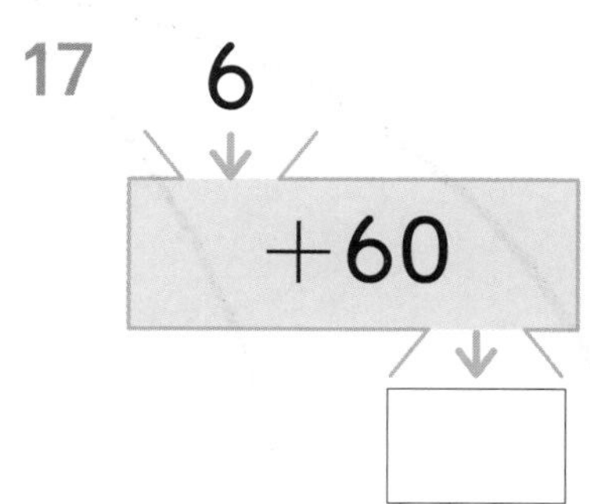

18
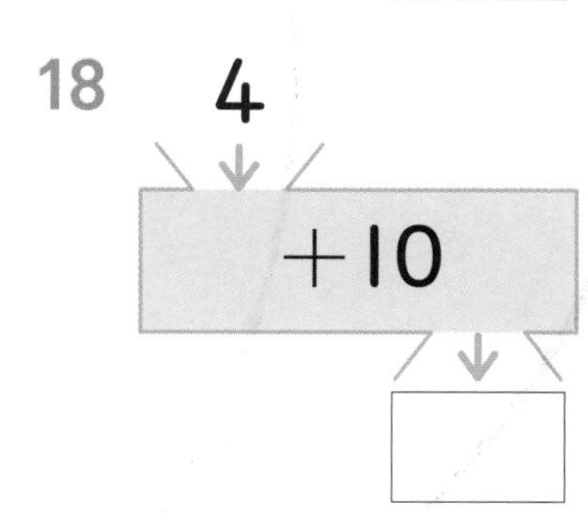

19
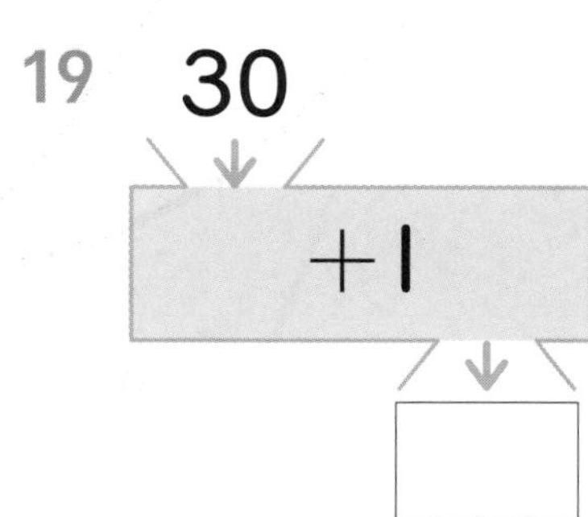

20
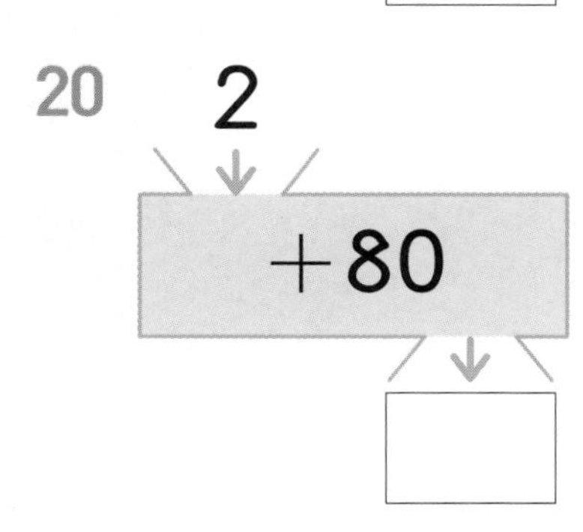

계산 결과를 찾아 알맞은 색으로 칠해 보세요.

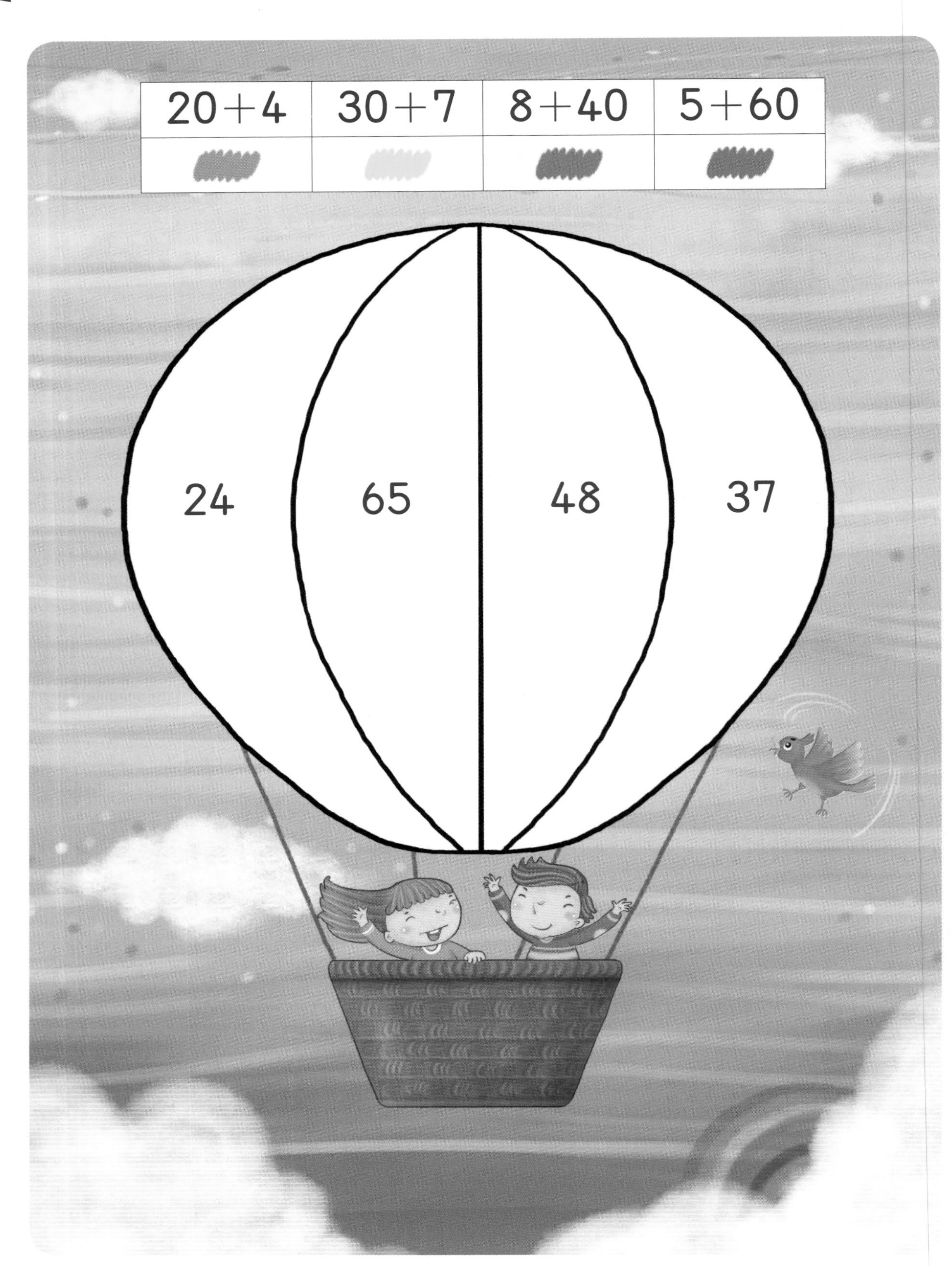

✎ 계산 결과를 보고 알맞은 수를 선으로 이어 보세요.

1

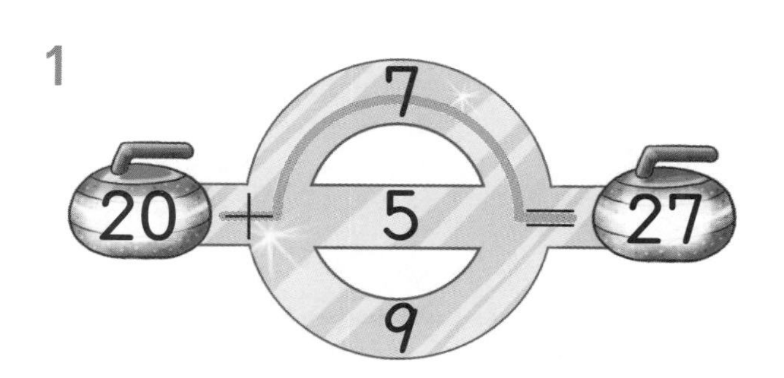

5

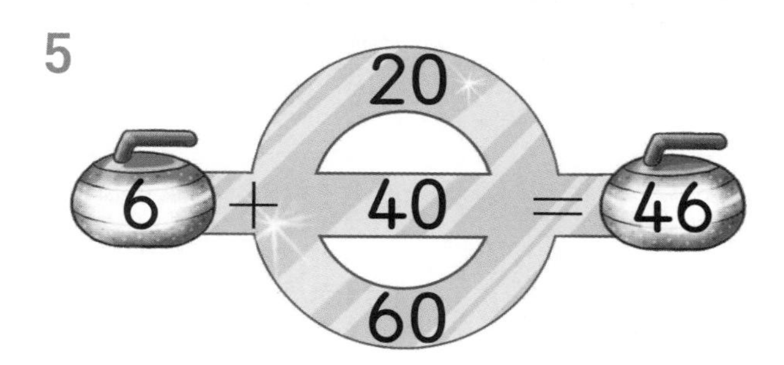

2

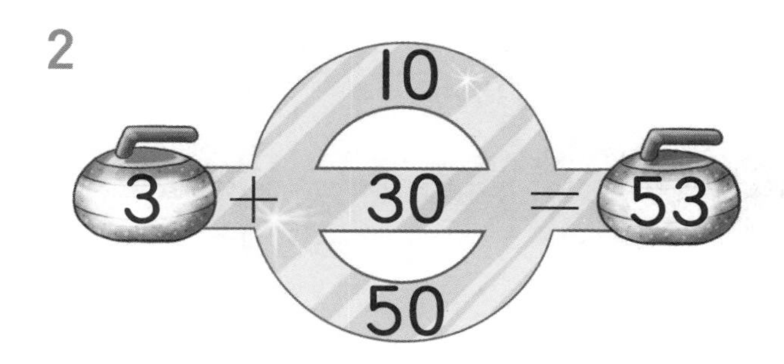

6

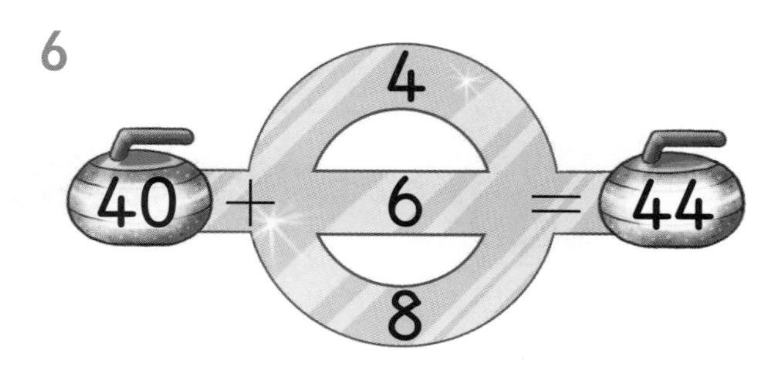

3

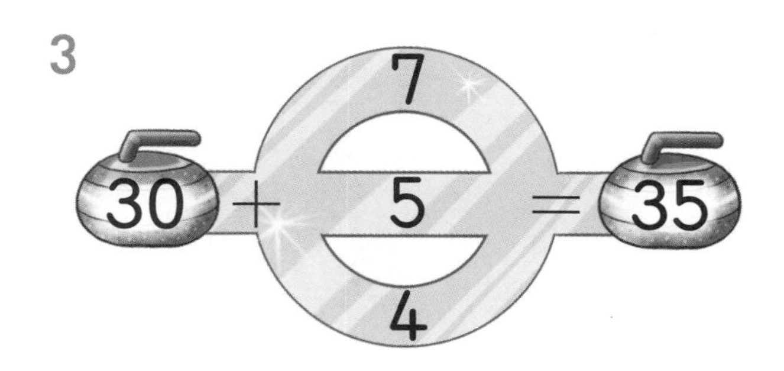

7

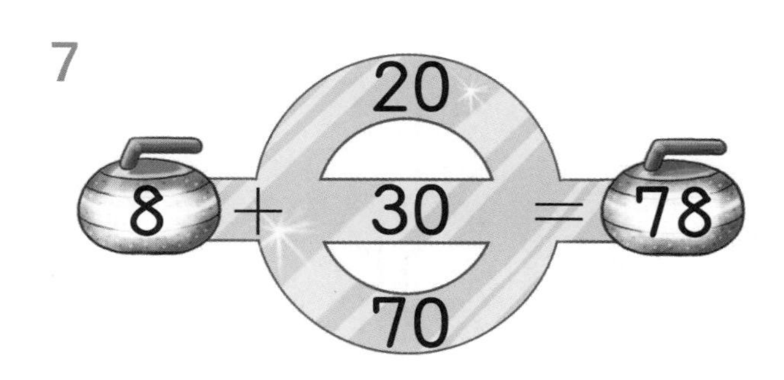

4

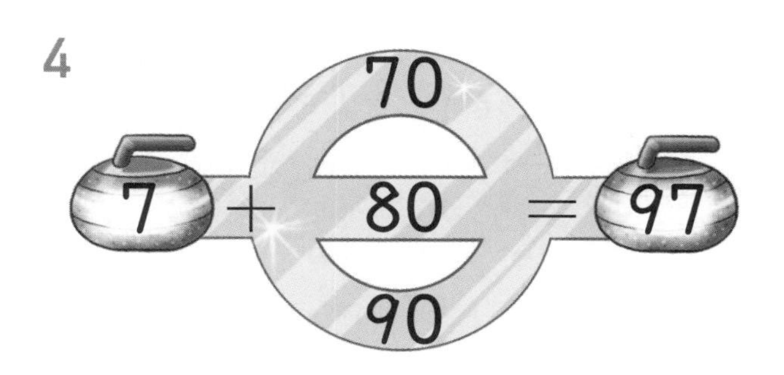

8

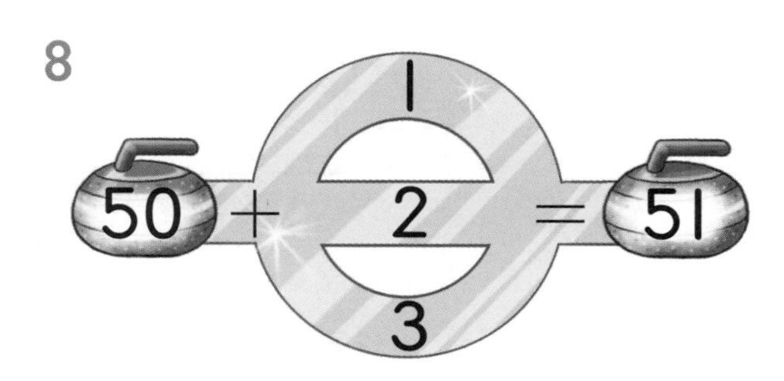

7주 개념 (몇십몇) + (몇), (몇) + (몇십몇)

세영이는 칭찬 붙임 딱지를 11개 모았는데 오늘 칭찬 붙임 딱지를 4개 더 받았어요. 세영이가 모은 칭찬 붙임 딱지는 모두 몇 개인가요?

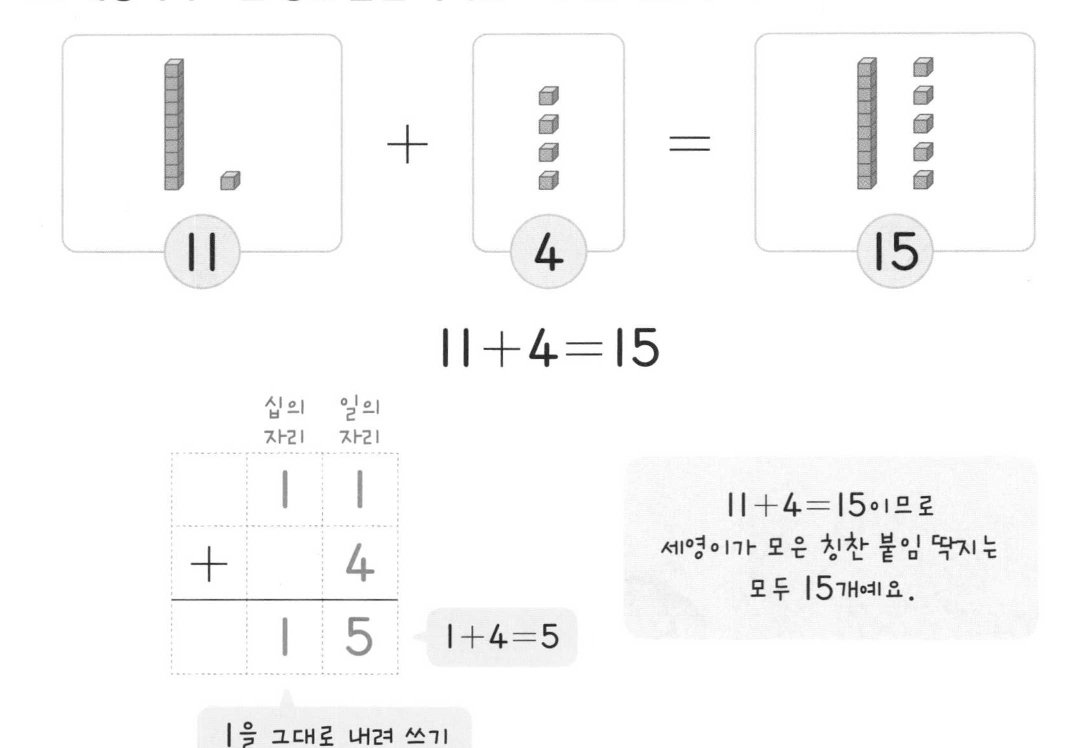

일차	1일 학습	2일 학습	3일 학습	4일 학습	5일 학습
공부할 날	월 일	월 일	월 일	월 일	월 일

(몇)+(몇십몇) 구하기

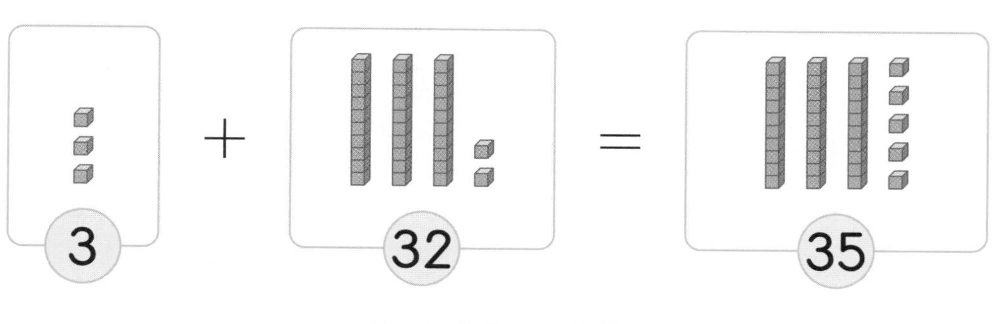

$3+32=35$

	십의 자리	일의 자리
		3
+	3	2
	3	5

3+2=5

3을 그대로 내려 쓰기

일의 자리 수끼리 계산(3+2=5)하고 십의 자리 수는 그대로 내려 써요.

가로셈

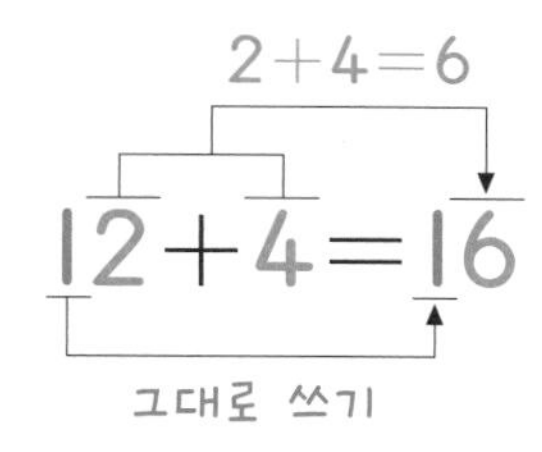

4+3=7

$4+33=37$

그대로 쓰기

개념 쏙쏙 노트

- (몇십몇)+(몇), (몇)+(몇십몇) 계산하기
  ① 일의 자리 수끼리 더하여 일의 자리에 씁니다.
  ② 십의 자리 수는 그대로 십의 자리에 씁니다.

1일 연습

(몇십몇) + (몇), (몇) + (몇십몇)

계산해 보세요.

1

	1	2
+		7

2

	6	2
+		2

3

	2	1
+		5

4

	7	2
+		6

5

	6	7
+		1

6

	3	4
+		4

7

	1	5
+		1

8

	4	2
+		6

9

	9	1
+		8

10

	8	2
+		6

11

	9	2
+		4

12

	2	2
+		7

13

	5	2
+		4

14

	3	5
+		3

15

	6	3
+		4

계산해 보세요.

16 $45+2$

17 $91+3$

18 $32+2$

19 $72+4$

20 $13+3$

21 $82+5$

22 $22+4$

23 $52+6$

24 $92+5$

25 $75+4$

26 $46+3$

27 $15+2$

28 $53+3$

29 $23+6$

30 $84+2$

31 $35+4$

32 $93+4$

33 $51+6$

34 $24+4$

35 $74+5$

36 $17+2$

스스로 평가

2일 반복 (몇십몇) + (몇), (몇) + (몇십몇)

계산해 보세요.

1 $\begin{array}{r} 4 \\ +\ 15 \\ \hline \end{array}$

2 $\begin{array}{r} 5 \\ +\ 22 \\ \hline \end{array}$

3 $\begin{array}{r} 1 \\ +\ 63 \\ \hline \end{array}$

4 $\begin{array}{r} 6 \\ +\ 71 \\ \hline \end{array}$

5 $\begin{array}{r} 2 \\ +\ 46 \\ \hline \end{array}$

6 $\begin{array}{r} 3 \\ +\ 53 \\ \hline \end{array}$

7 $\begin{array}{r} 7 \\ +\ 31 \\ \hline \end{array}$

8 $\begin{array}{r} 5 \\ +\ 42 \\ \hline \end{array}$

9 $\begin{array}{r} 5 \\ +\ 83 \\ \hline \end{array}$

10 $\begin{array}{r} 3 \\ +\ 96 \\ \hline \end{array}$

11 $\begin{array}{r} 3 \\ +\ 24 \\ \hline \end{array}$

12 $\begin{array}{r} 5 \\ +\ 12 \\ \hline \end{array}$

13 $\begin{array}{r} 2 \\ +\ 34 \\ \hline \end{array}$

14 $\begin{array}{r} 7 \\ +\ 92 \\ \hline \end{array}$

15 $\begin{array}{r} 4 \\ +\ 41 \\ \hline \end{array}$

공부한 날 월 일

맞힌 개수 개
걸린 시간 분

계산해 보세요.

16 $4+12$

17 $3+92$

18 $5+52$

19 $2+83$

20 $5+21$

21 $5+63$

22 $4+74$

23 $5+34$

24 $4+85$

25 $4+14$

26 $6+72$

27 $2+54$

28 $5+23$

29 $2+67$

30 $4+32$

31 $3+41$

32 $1+56$

33 $2+76$

34 $2+16$

35 $4+94$

36 $6+61$

스스로 평가

3일 반복

(몇십몇) + (몇), (몇) + (몇십몇)

계산해 보세요.

1. $14 + 4$
2. $2 + 27$
3. $5 + 23$
4. $55 + 3$
5. $3 + 45$
6. $74 + 5$
7. $3 + 16$
8. $13 + 5$
9. $82 + 1$
10. $1 + 88$
11. $42 + 2$
12. $4 + 54$
13. $35 + 4$
14. $52 + 4$
15. $2 + 17$
16. $32 + 4$
17. $2 + 54$
18. $96 + 2$

계산해 보세요.

19 $91+2$

26 $18+1$

33 $61+8$

20 $55+2$

27 $5+82$

34 $3+51$

21 $5+71$

28 $82+2$

35 $2+64$

22 $52+2$

29 $4+13$

36 $1+68$

23 $6+62$

30 $4+75$

37 $83+5$

24 $42+5$

31 $22+1$

38 $17+2$

25 $4+55$

32 $3+93$

39 $2+86$

스스로 평가

(몇십몇) + (몇), (몇) + (몇십몇)

계산해 보세요.

1. $\begin{array}{r} 3 \\ +\ 14 \\ \hline \end{array}$

2. $\begin{array}{r} 22 \\ +\ 5 \\ \hline \end{array}$

3. $\begin{array}{r} 4 \\ +\ 92 \\ \hline \end{array}$

4. $\begin{array}{r} 94 \\ +\ 5 \\ \hline \end{array}$

5. $\begin{array}{r} 34 \\ +\ 2 \\ \hline \end{array}$

6. $\begin{array}{r} 5 \\ +\ 41 \\ \hline \end{array}$

7. $\begin{array}{r} 73 \\ +\ 2 \\ \hline \end{array}$

8. $\begin{array}{r} 7 \\ +\ 32 \\ \hline \end{array}$

9. $\begin{array}{r} 86 \\ +\ 3 \\ \hline \end{array}$

10. $\begin{array}{r} 5 \\ +\ 72 \\ \hline \end{array}$

11. $\begin{array}{r} 4 \\ +\ 31 \\ \hline \end{array}$

12. $\begin{array}{r} 52 \\ +\ 6 \\ \hline \end{array}$

13. $\begin{array}{r} 4 \\ +\ 24 \\ \hline \end{array}$

14. $\begin{array}{r} 5 \\ +\ 83 \\ \hline \end{array}$

15. $\begin{array}{r} 3 \\ +\ 42 \\ \hline \end{array}$

16. $\begin{array}{r} 17 \\ +\ 2 \\ \hline \end{array}$

17. $\begin{array}{r} 44 \\ +\ 3 \\ \hline \end{array}$

18. $\begin{array}{r} 63 \\ +\ 5 \\ \hline \end{array}$

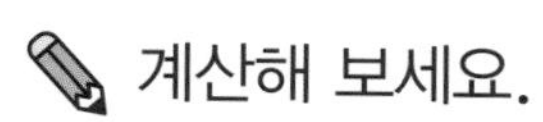
계산해 보세요.

19 $6+51$

20 $37+2$

21 $4+32$

22 $62+2$

23 $2+52$

24 $92+6$

25 $1+74$

26 $61+4$

27 $15+3$

28 $5+23$

29 $55+2$

30 $1+41$

31 $81+7$

32 $4+65$

33 $25+2$

34 $6+32$

35 $8+11$

36 $43+6$

37 $3+62$

38 $72+5$

39 $3+93$

스스로 평가

(몇십몇) + (몇), (몇) + (몇십몇)

빈 곳에 알맞은 수를 써넣으세요.

1
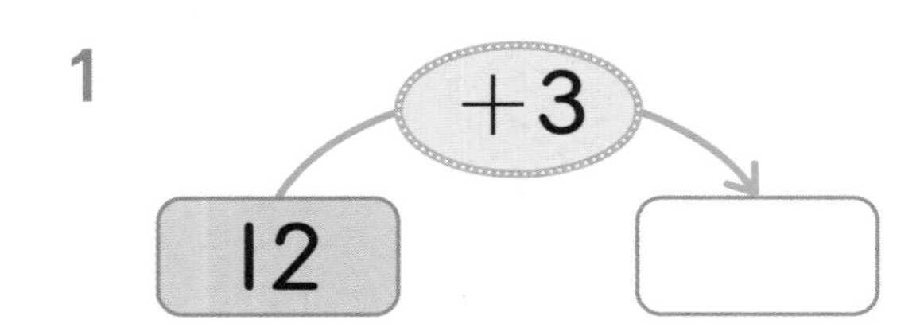

2
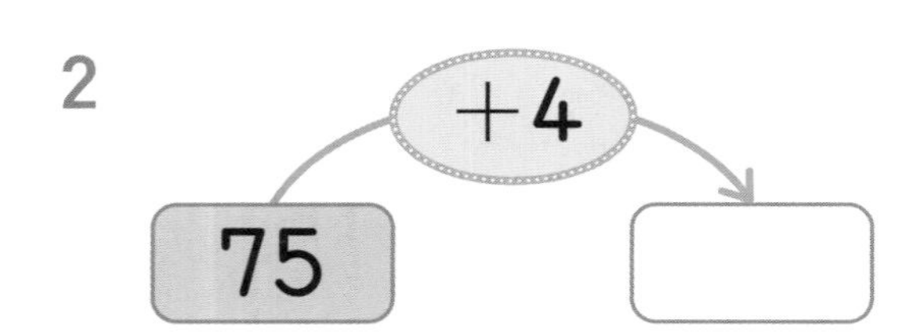

3

4
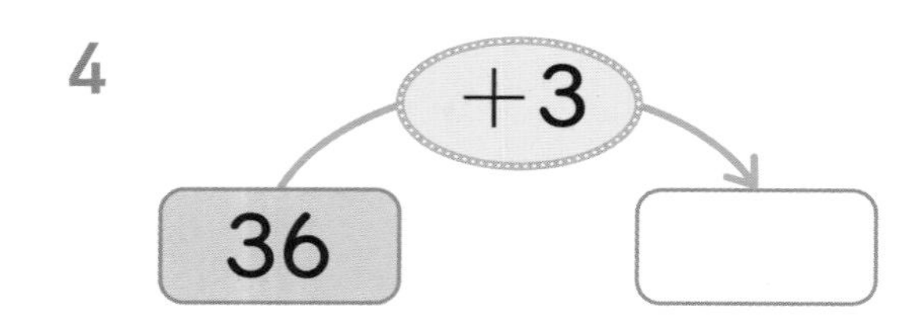

5
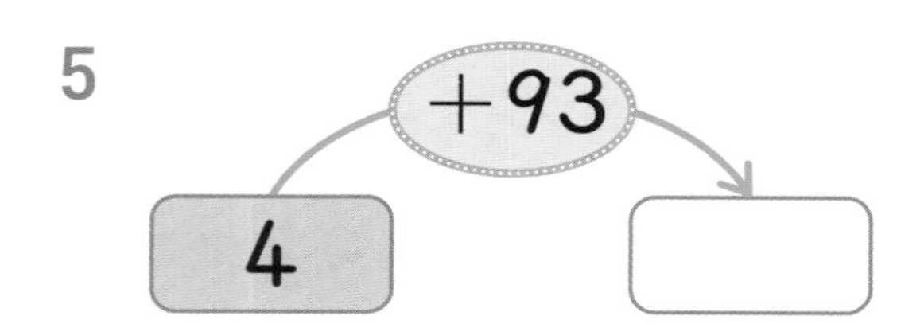

6
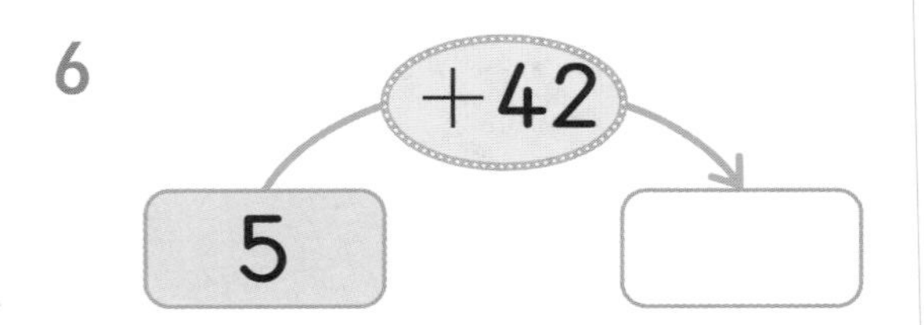

7
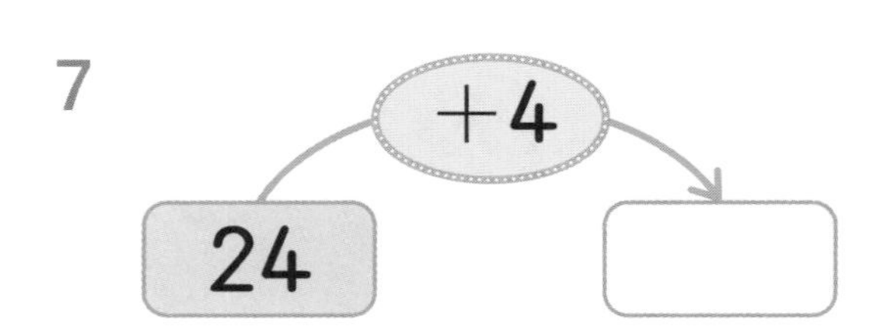

8
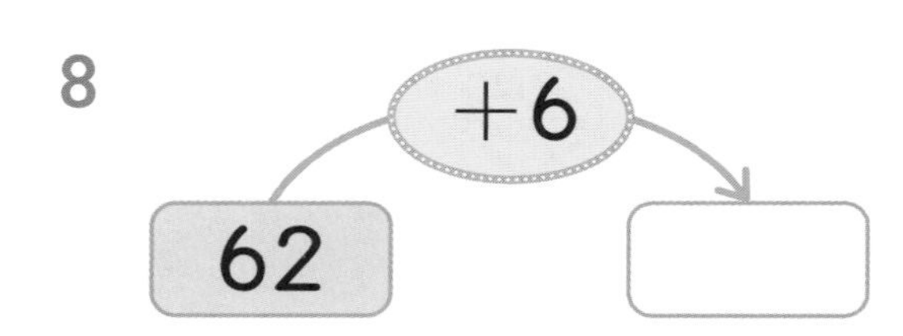

9
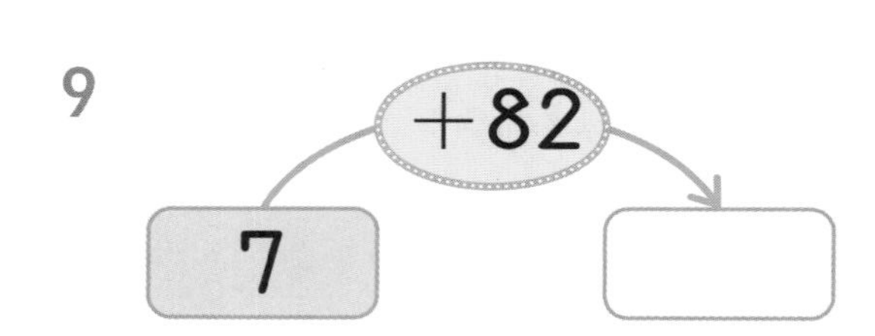

10
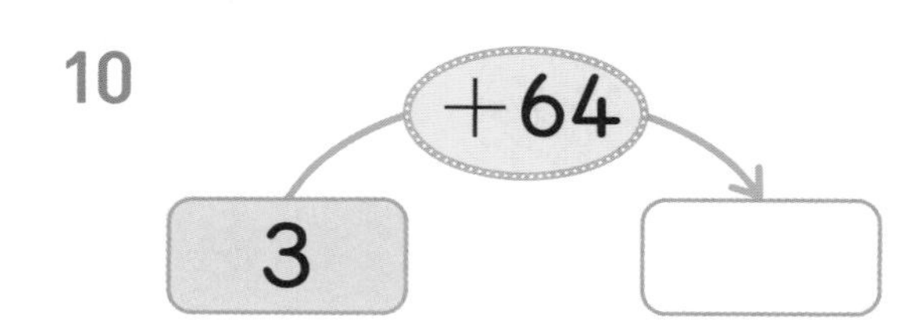

 빈 곳에 알맞은 수를 써넣으세요.

11
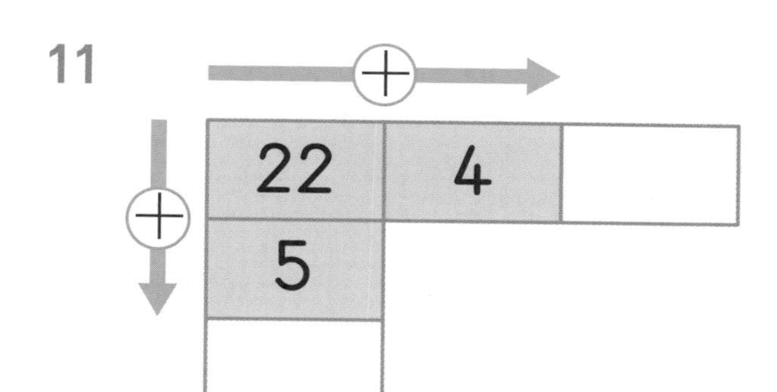

12
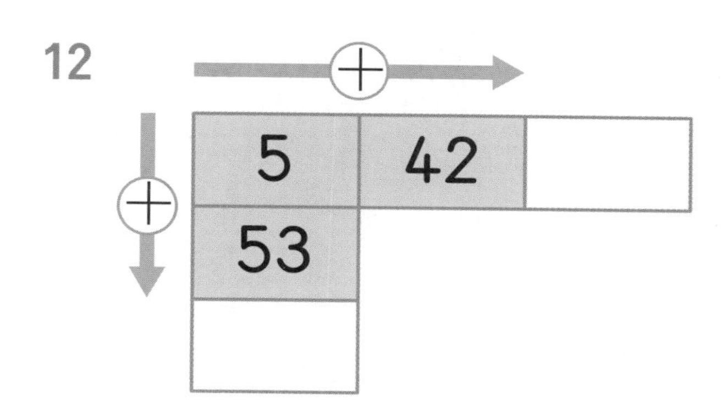

13
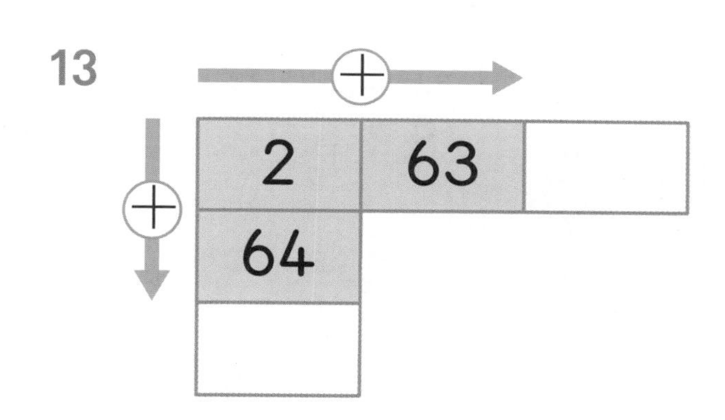

14
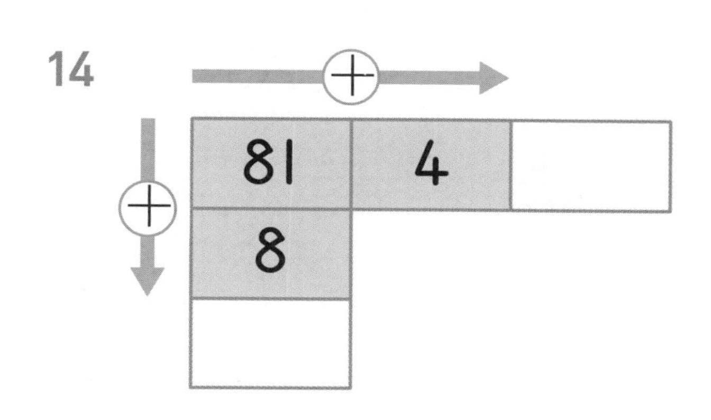

15
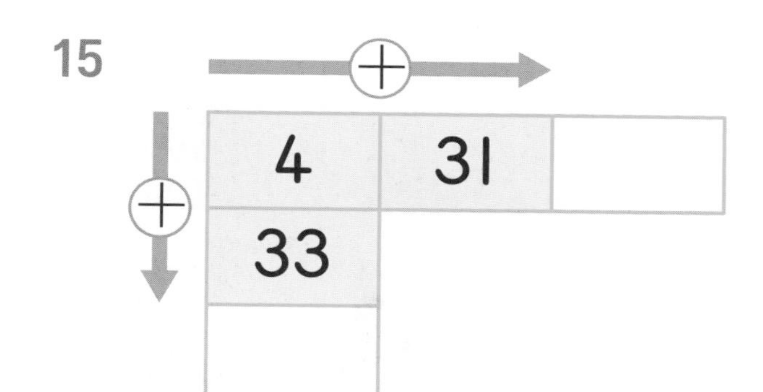

16
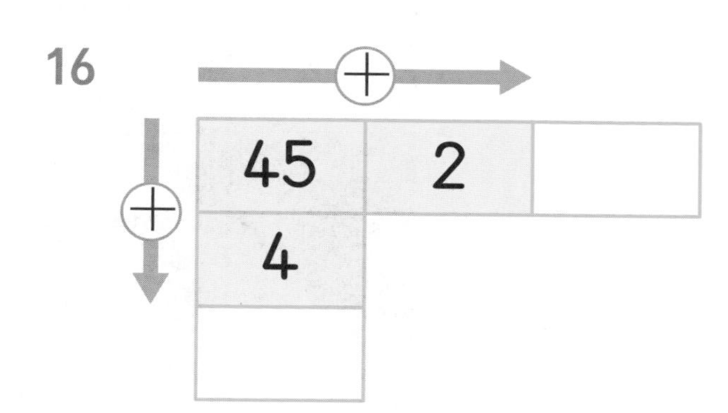

17
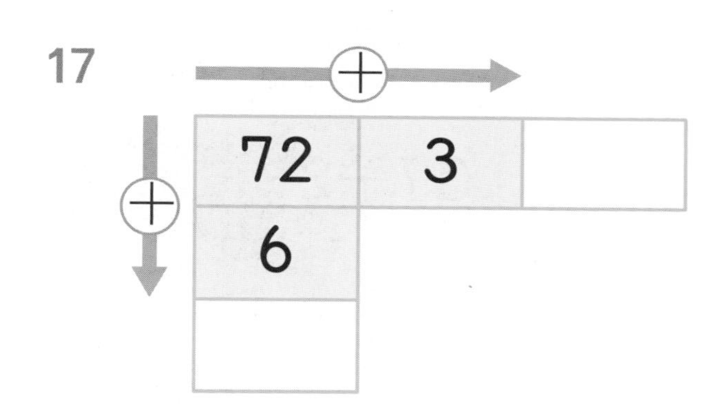

18
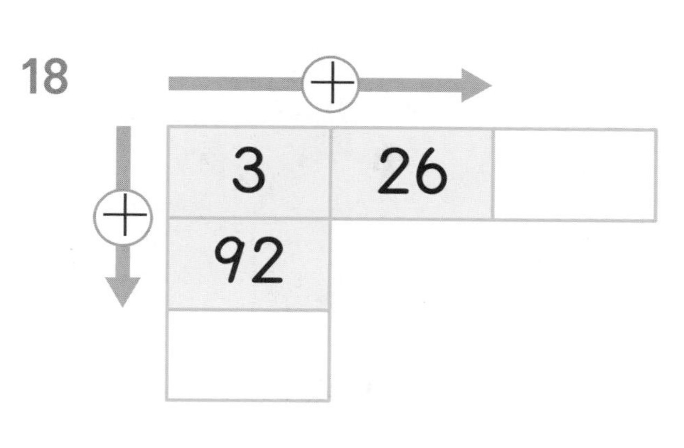

스스로 평가

계산 결과가 큰 수를 따라갈 때, 만나는 동물에 ○표 하세요.

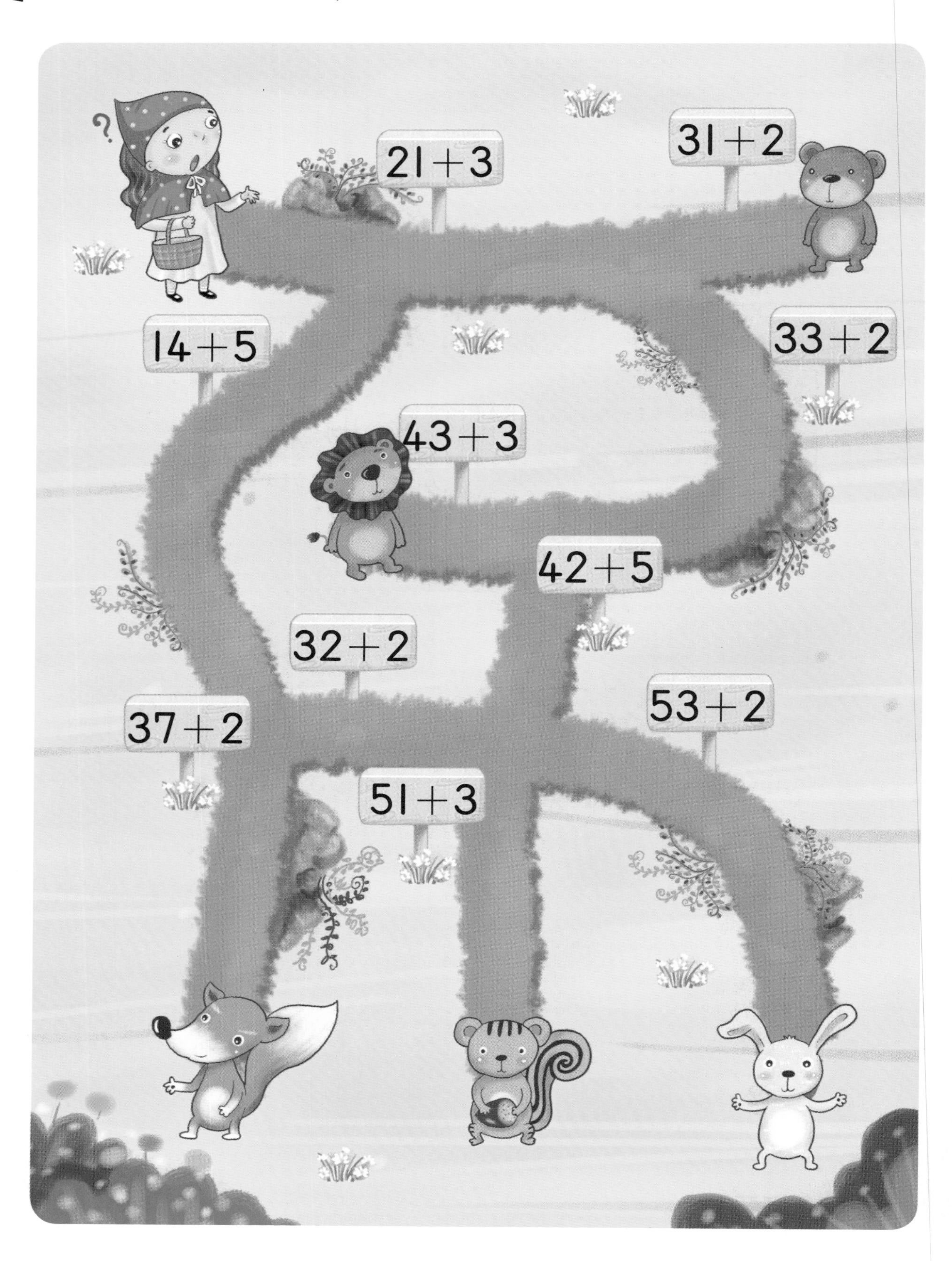

✎ 수 카드로 덧셈식을 만들려고 해요. □ 안에 알맞은 수 카드 붙임 딱지를 붙여 보세요. 붙임딱지

(몇십) + (몇십), (몇십몇) + (몇십몇)

빨간색 버스에는 학생들이 40명 탈 수 있고 파란색 버스에는 학생들이 20명 탈 수 있어요. 두 버스에 탈 수 있는 학생은 모두 몇 명인가요?

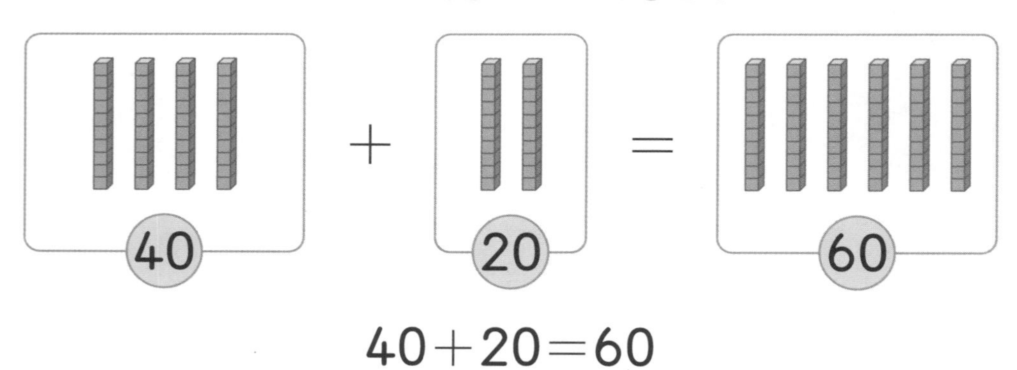

$40+20=60$

	십의 자리	일의 자리
	4	0
+	2	0
	6	0

0을 그대로 쓰기

$4+2=6$

$40+20=60$이므로 두 버스에 탈 수 있는 학생은 모두 60명이에요.

일차	1일 학습	2일 학습	3일 학습	4일 학습	5일 학습
공부할 날	월 일	월 일	월 일	월 일	월 일

(몇십몇)＋(몇십몇) 구하기

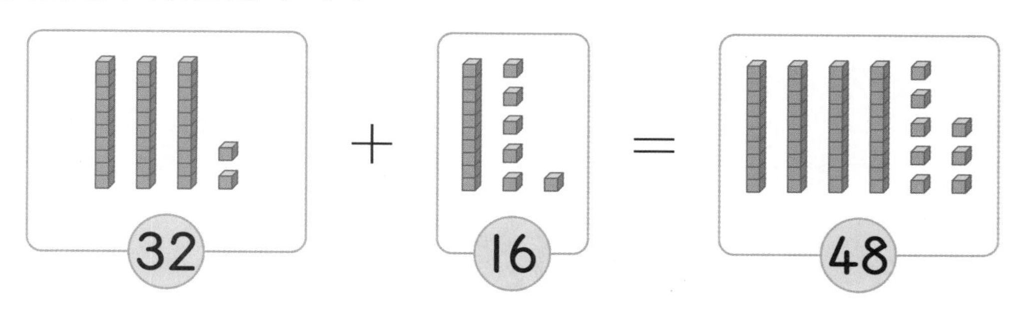

32＋16＝48

일의 자리 수끼리 (2＋6＝8),
십의 자리 수끼리 (3＋1＝4)
계산해요.

가로셈

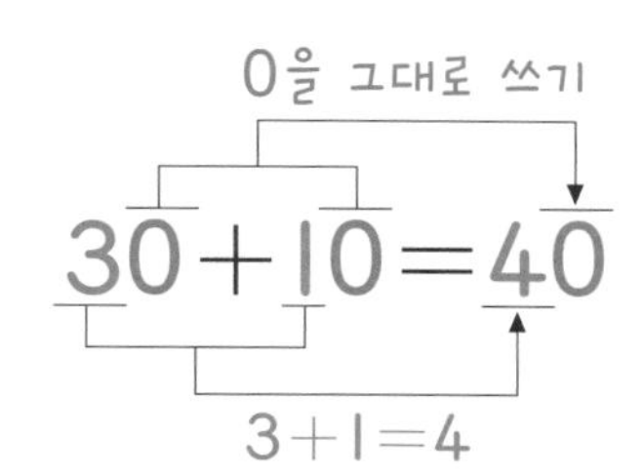

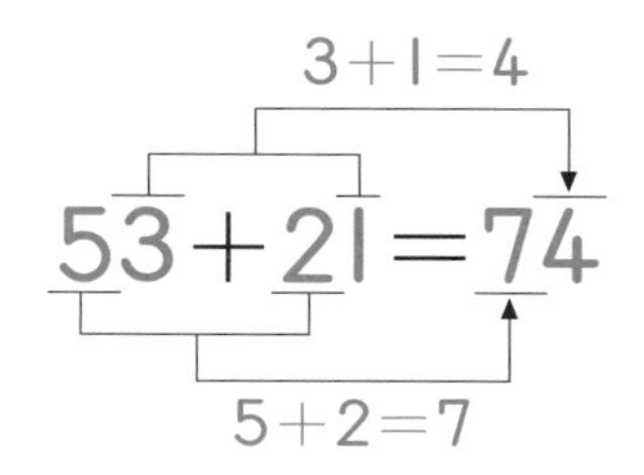

개념 쏙쏙 노트

- (몇십)＋(몇십)
  ① 일의 자리에는 0을 씁니다.
  ② 십의 자리 수끼리 더하여 십의 자리에 씁니다.
- (몇십몇)＋(몇십몇)
  ① 일의 자리 수끼리 더하여 일의 자리에 씁니다.
  ② 십의 자리 수끼리 더하여 십의 자리에 씁니다.

1일 연습

(몇십) + (몇십), (몇십몇) + (몇십몇)

계산해 보세요.

1
$$\begin{array}{r} 10 \\ +\ 40 \\ \hline \end{array}$$

2
$$\begin{array}{r} 20 \\ +\ 50 \\ \hline \end{array}$$

3
$$\begin{array}{r} 13 \\ +\ 45 \\ \hline \end{array}$$

4
$$\begin{array}{r} 42 \\ +\ 54 \\ \hline \end{array}$$

5
$$\begin{array}{r} 52 \\ +\ 37 \\ \hline \end{array}$$

6
$$\begin{array}{r} 30 \\ +\ 20 \\ \hline \end{array}$$

7
$$\begin{array}{r} 60 \\ +\ 30 \\ \hline \end{array}$$

8
$$\begin{array}{r} 62 \\ +\ 32 \\ \hline \end{array}$$

9
$$\begin{array}{r} 45 \\ +\ 23 \\ \hline \end{array}$$

10
$$\begin{array}{r} 83 \\ +\ 16 \\ \hline \end{array}$$

11
$$\begin{array}{r} 10 \\ +\ 60 \\ \hline \end{array}$$

12
$$\begin{array}{r} 50 \\ +\ 40 \\ \hline \end{array}$$

13
$$\begin{array}{r} 25 \\ +\ 42 \\ \hline \end{array}$$

14
$$\begin{array}{r} 34 \\ +\ 51 \\ \hline \end{array}$$

15
$$\begin{array}{r} 72 \\ +\ 14 \\ \hline \end{array}$$

공부한 날 월 일 | 맞힌 개수 개 | 걸린 시간 분

8주

계산해 보세요.

(십의 자리, 일의 자리)

16 $23+53=$ ☐☐

17 $58+21=$ ☐☐

18 $30+40=$ ☐☐

19 $86+12=$ ☐☐

20 $32+43=$ ☐☐

21 $46+22=$ ☐☐

22 $20+40=$ ☐☐

23 $42+17=$ ☐☐

24 $36+51=$ ☐☐

25 $12+73=$ ☐☐

26 $24+32=$ ☐☐

27 $45+44=$ ☐☐

28 $20+70=$ ☐☐

29 $33+43=$ ☐☐

30 $25+41=$ ☐☐

31 $51+21=$ ☐☐

2일 반복

(몇십) + (몇십), (몇십몇) + (몇십몇)

계산해 보세요.

1 $\begin{array}{r} 62 \\ +\ 23 \\ \hline \end{array}$

2 $\begin{array}{r} 60 \\ +\ 10 \\ \hline \end{array}$

3 $\begin{array}{r} 15 \\ +\ 21 \\ \hline \end{array}$

4 $\begin{array}{r} 31 \\ +\ 54 \\ \hline \end{array}$

5 $\begin{array}{r} 44 \\ +\ 32 \\ \hline \end{array}$

6 $\begin{array}{r} 20 \\ +\ 10 \\ \hline \end{array}$

7 $\begin{array}{r} 34 \\ +\ 22 \\ \hline \end{array}$

8 $\begin{array}{r} 17 \\ +\ 40 \\ \hline \end{array}$

9 $\begin{array}{r} 24 \\ +\ 32 \\ \hline \end{array}$

10 $\begin{array}{r} 50 \\ +\ 30 \\ \hline \end{array}$

11 $\begin{array}{r} 74 \\ +\ 10 \\ \hline \end{array}$

12 $\begin{array}{r} 64 \\ +\ 33 \\ \hline \end{array}$

13 $\begin{array}{r} 30 \\ +\ 60 \\ \hline \end{array}$

14 $\begin{array}{r} 41 \\ +\ 15 \\ \hline \end{array}$

15 $\begin{array}{r} 58 \\ +\ 31 \\ \hline \end{array}$

8주

계산해 보세요.

십의 자리 일의 자리

16 $50+20=$ ☐☐

17 $83+10=$ ☐☐

18 $63+21=$ ☐☐

19 $13+34=$ ☐☐

20 $52+27=$ ☐☐

21 $10+80=$ ☐☐

22 $41+36=$ ☐☐

23 $30+27=$ ☐☐

24 $67+20=$ ☐☐

25 $16+13=$ ☐☐

26 $20+30=$ ☐☐

27 $45+42=$ ☐☐

28 $14+35=$ ☐☐

29 $78+11=$ ☐☐

30 $24+71=$ ☐☐

31 $33+53=$ ☐☐

3일 반복 (몇십)＋(몇십), (몇십몇)＋(몇십몇)

계산해 보세요.

1. $16 + 32 =$

2. $10 + 10 =$

3. $21 + 27 =$

4. $30 + 54 =$

5. $53 + 46 =$

6. $83 + 14 =$

7. $20 + 30 =$

8. $17 + 71 =$

9. $34 + 61 =$

10. $22 + 46 =$

11. $83 + 15 =$

12. $40 + 50 =$

13. $38 + 31 =$

14. $23 + 60 =$

15. $18 + 70 =$

16. $60 + 10 =$

17. $67 + 11 =$

18. $85 + 13 =$

계산해 보세요.

19 $20+50$

20 $81+14$

21 $41+32$

22 $73+22$

23 $14+53$

24 $35+61$

25 $50+10$

26 $27+31$

27 $18+31$

28 $50+23$

29 $40+10$

30 $65+21$

31 $13+13$

32 $30+30$

33 $20+27$

34 $43+32$

35 $51+35$

36 $12+23$

37 $47+41$

38 $70+20$

39 $77+11$

스스로 평가

(몇십) + (몇십), (몇십몇) + (몇십몇)

계산해 보세요.

1. $71 + 15$
2. $11 + 67$
3. $10 + 50$
4. $66 + 12$
5. $55 + 12$
6. $77 + 11$
7. $50 + 30$
8. $24 + 71$
9. $13 + 36$
10. $31 + 52$
11. $40 + 30$
12. $61 + 31$
13. $44 + 32$
14. $35 + 52$
15. $26 + 23$
16. $20 + 70$
17. $75 + 21$
18. $25 + 43$

계산해 보세요.

19 $56+22$

20 $30+10$

21 $12+85$

22 $34+23$

23 $52+17$

24 $23+25$

25 $42+34$

26 $20+50$

27 $54+23$

28 $18+61$

29 $46+41$

30 $40+20$

31 $21+52$

32 $32+63$

33 $48+41$

34 $27+20$

35 $10+40$

36 $65+22$

37 $25+33$

38 $36+40$

39 $60+20$

5일 응용 (몇십) + (몇십), (몇십몇) + (몇십몇)

✎ 빈 곳에 알맞은 수를 써넣으세요.

1

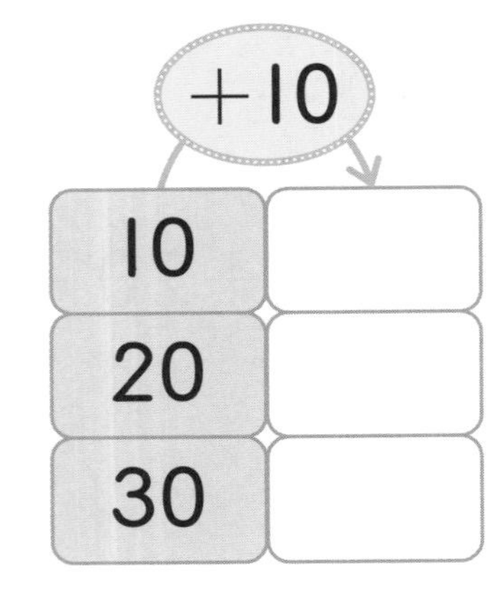

2

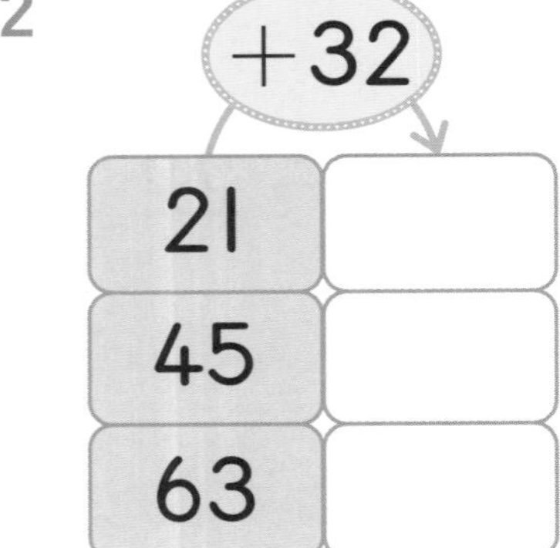

3

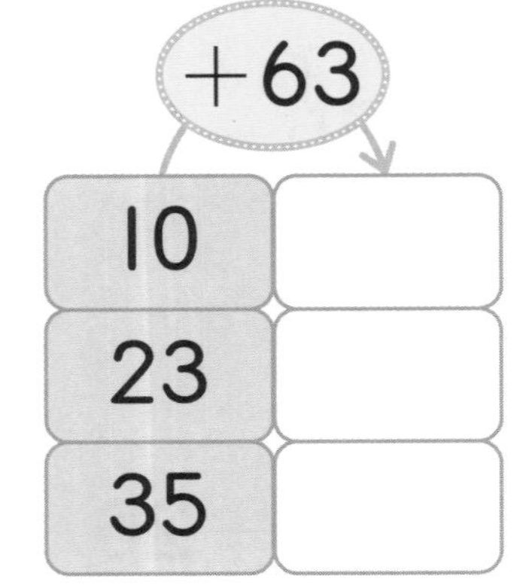

4

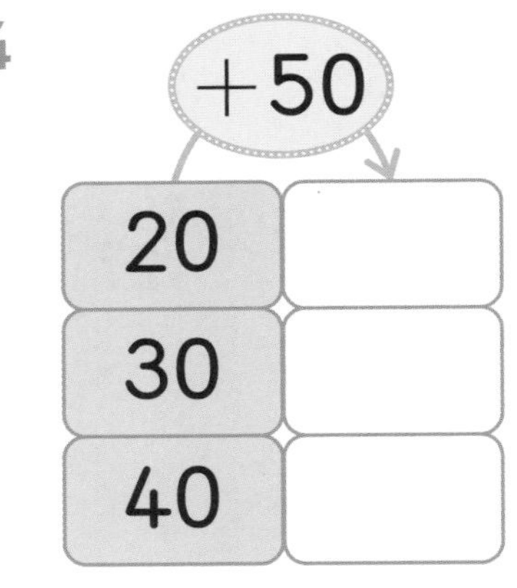

5

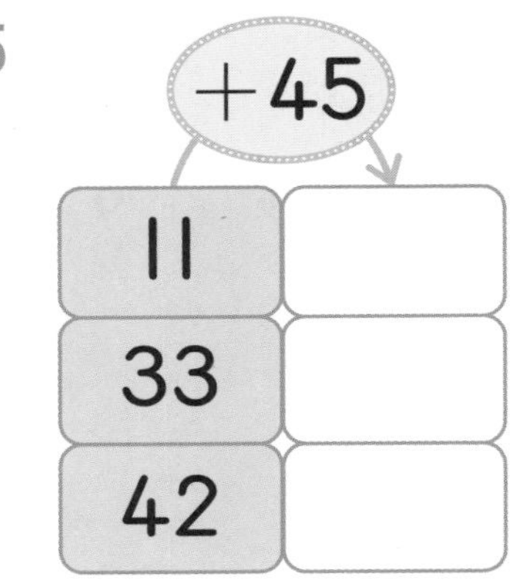

6

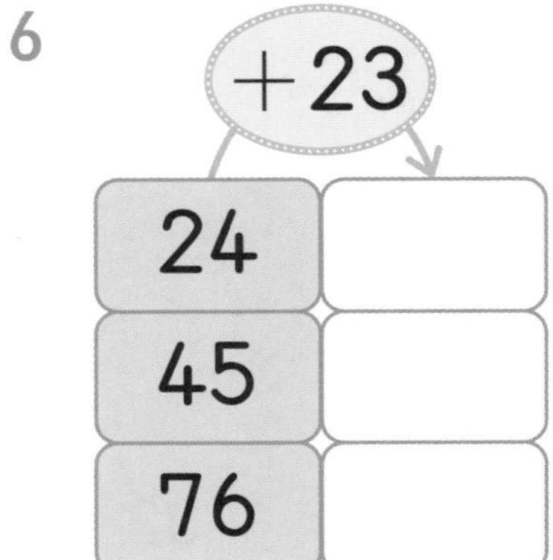

 □ 안에 두 수 카드의 합을 써넣으세요.

7 20 30 → □

12 53 25 → □

8 33 42 → □

13 10 50 → □

9 51 37 → □

14 24 43 → □

10 53 36 → □

15 60 20 → □

11 75 11 → □

16 65 24 → □

8주 생각 수학

벼룩시장에서 은주와 친구들이 산 물건이에요. 각각 얼마씩 돈을 냈는지 구해 보세요.

화살표를 따라 계산하고 계산한 값을 □ 안에 써넣은 다음 순서대로 점을 이어 보세요.

시작 ➡ 35＋12 ➡ 33＋21 ➡ 42＋25

➡ 31＋42 ➡ 12＋63 ➡ 52＋34 ➡ 끝

(몇십몇) − (몇)

준섭이는 이번 달에 문자를 65개 보낼 수 있어요. 준섭이가 어제 친구에게 문자를 4개 보냈다면 이번 달에 남은 문자는 몇 개인가요?

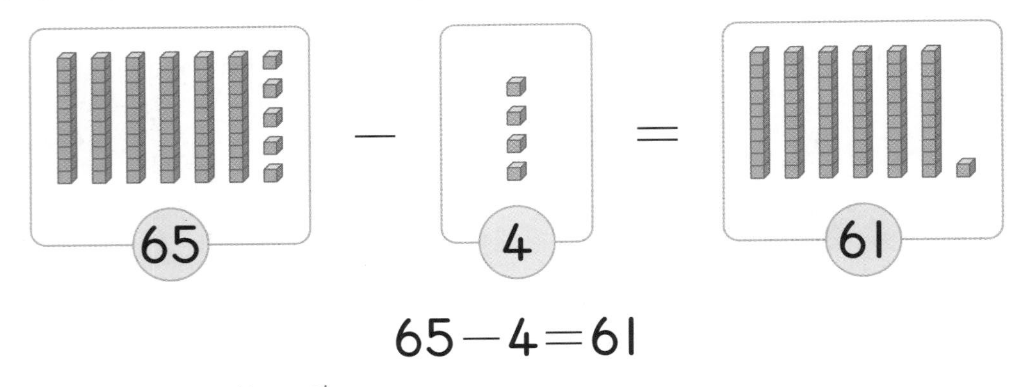

$$65-4=61$$

	십의 자리	일의 자리
	6	5
−		4
	6	1

5−4=1

6을 그대로 내려 쓰기

65−4=61이므로 이번 달에 남은 문자는 61개예요.

학습계획

일차	1일 학습	2일 학습	3일 학습	4일 학습	5일 학습
공부할 날	월 일	월 일	월 일	월 일	월 일

(몇십몇)－(몇) 구하기

세로셈

	십의 자리	일의 자리
	3	7
－		2
	3	5

7－2＝5

3을 그대로 내려 쓰기

	십의 자리	일의 자리
	4	8
－		6
	4	2

8－6＝2

4를 그대로 내려 쓰기

십의 자리 수는 그대로 십의 자리에 쓰고 일의 자리 수끼리 빼서 일의 자리에 써요.

가로셈

9－3＝6

29－3＝26

그대로 쓰기

5－4＝1

85－4＝81

그대로 쓰기

주의

	7	8
－		5
	2	3

(×)

자리를 잘 맞추어 계산해요.
5는 일의 자리 수이므로 8에서 5를 빼야 하는데
십의 자리 수 7에서도 5를 빼서 틀렸어요.

개념 쏙쏙 노트

- (몇십몇)－(몇십)
  ① 일의 자리 수끼리 빼서 일의 자리에 씁니다.
  ② 십의 자리 수는 그대로 십의 자리에 씁니다.

1일 연습

(몇십몇) — (몇)

계산해 보세요.

1. $14 - 3$
2. $16 - 5$
3. $18 - 6$
4. $21 - 1$
5. $24 - 3$
6. $28 - 2$
7. $34 - 3$
8. $36 - 3$
9. $37 - 5$
10. $47 - 3$
11. $56 - 4$
12. $58 - 3$
13. $63 - 2$
14. $65 - 3$
15. $77 - 5$

계산해 보세요.

16 $24-3$

17 $64-2$

18 $55-3$

19 $42-1$

20 $38-6$

21 $16-5$

22 $54-3$

23 $95-4$

24 $34-3$

25 $57-6$

26 $14-2$

27 $97-5$

28 $78-7$

29 $47-4$

30 $89-6$

31 $39-7$

32 $36-3$

33 $45-4$

34 $85-3$

35 $17-6$

36 $63-1$

2일 반복

(몇십몇) — (몇)

계산해 보세요.

1
	1	7
—		3

2
	2	8
—		5

3
	3	3
—		2

4
	9	7
—		4

5
	5	4
—		1

6
	7	7
—		6

7
	6	9
—		9

8
	5	3
—		2

9
	7	4
—		3

10
	6	7
—		4

11
	2	4
—		2

12
	4	9
—		5

13
	9	5
—		3

14
	3	9
—		6

15
	9	9
—		7

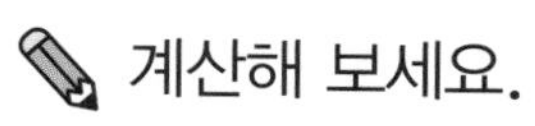
계산해 보세요.

16 $13-2$

17 $64-2$

18 $22-2$

19 $25-3$

20 $38-5$

21 $47-3$

22 $94-3$

23 $79-5$

24 $57-5$

25 $16-4$

26 $68-4$

27 $72-1$

28 $75-2$

29 $56-2$

30 $83-1$

31 $46-3$

32 $76-5$

33 $45-3$

34 $53-2$

35 $96-4$

36 $88-2$

3일 반복

(몇십몇) − (몇)

계산해 보세요.

1. $\begin{array}{r} 12 \\ -\ \ 1 \\ \hline \end{array}$

2. $\begin{array}{r} 74 \\ -\ \ 3 \\ \hline \end{array}$

3. $\begin{array}{r} 27 \\ -\ \ 5 \\ \hline \end{array}$

4. $\begin{array}{r} 59 \\ -\ \ 2 \\ \hline \end{array}$

5. $\begin{array}{r} 33 \\ -\ \ 2 \\ \hline \end{array}$

6. $\begin{array}{r} 38 \\ -\ \ 4 \\ \hline \end{array}$

7. $\begin{array}{r} 64 \\ -\ \ 2 \\ \hline \end{array}$

8. $\begin{array}{r} 47 \\ -\ \ 6 \\ \hline \end{array}$

9. $\begin{array}{r} 55 \\ -\ \ 4 \\ \hline \end{array}$

10. $\begin{array}{r} 29 \\ -\ \ 2 \\ \hline \end{array}$

11. $\begin{array}{r} 98 \\ -\ \ 4 \\ \hline \end{array}$

12. $\begin{array}{r} 45 \\ -\ \ 2 \\ \hline \end{array}$

13. $\begin{array}{r} 77 \\ -\ \ 2 \\ \hline \end{array}$

14. $\begin{array}{r} 19 \\ -\ \ 4 \\ \hline \end{array}$

15. $\begin{array}{r} 89 \\ -\ \ 7 \\ \hline \end{array}$

16. $\begin{array}{r} 46 \\ -\ \ 2 \\ \hline \end{array}$

17. $\begin{array}{r} 24 \\ -\ \ 2 \\ \hline \end{array}$

18. $\begin{array}{r} 67 \\ -\ \ 3 \\ \hline \end{array}$

계산해 보세요.

19 $88-4$

20 $15-2$

21 $22-1$

22 $95-2$

23 $35-3$

24 $57-4$

25 $44-3$

26 $49-3$

27 $69-7$

28 $78-3$

29 $57-5$

30 $33-2$

31 $75-4$

32 $16-4$

33 $66-3$

34 $99-7$

35 $87-6$

36 $84-2$

37 $17-6$

38 $93-3$

39 $29-5$

(몇십몇) — (몇)

계산해 보세요.

1
$$\begin{array}{r} 17 \\ -\ \ 2 \\ \hline \end{array}$$

2
$$\begin{array}{r} 14 \\ -\ \ 3 \\ \hline \end{array}$$

3
$$\begin{array}{r} 77 \\ -\ \ 2 \\ \hline \end{array}$$

4
$$\begin{array}{r} 25 \\ -\ \ 4 \\ \hline \end{array}$$

5
$$\begin{array}{r} 99 \\ -\ \ 4 \\ \hline \end{array}$$

6
$$\begin{array}{r} 55 \\ -\ \ 4 \\ \hline \end{array}$$

7
$$\begin{array}{r} 66 \\ -\ \ 3 \\ \hline \end{array}$$

8
$$\begin{array}{r} 88 \\ -\ \ 2 \\ \hline \end{array}$$

9
$$\begin{array}{r} 57 \\ -\ \ 3 \\ \hline \end{array}$$

10
$$\begin{array}{r} 35 \\ -\ \ 4 \\ \hline \end{array}$$

11
$$\begin{array}{r} 68 \\ -\ \ 6 \\ \hline \end{array}$$

12
$$\begin{array}{r} 49 \\ -\ \ 5 \\ \hline \end{array}$$

13
$$\begin{array}{r} 23 \\ -\ \ 2 \\ \hline \end{array}$$

14
$$\begin{array}{r} 78 \\ -\ \ 4 \\ \hline \end{array}$$

15
$$\begin{array}{r} 82 \\ -\ \ 1 \\ \hline \end{array}$$

16
$$\begin{array}{r} 44 \\ -\ \ 2 \\ \hline \end{array}$$

17
$$\begin{array}{r} 99 \\ -\ \ 6 \\ \hline \end{array}$$

18
$$\begin{array}{r} 79 \\ -\ \ 4 \\ \hline \end{array}$$

 계산해 보세요.

19 $12-1$

20 $49-3$

21 $26-4$

22 $98-2$

23 $74-1$

24 $38-3$

25 $87-5$

26 $44-3$

27 $54-2$

28 $99-6$

29 $87-4$

30 $68-6$

31 $19-7$

32 $77-4$

33 $69-8$

34 $34-2$

35 $88-2$

36 $86-3$

37 $49-4$

38 $13-3$

39 $59-6$

5일 응용 (몇십몇) − (몇)

 □ 안에 알맞은 수를 써넣으세요.

1

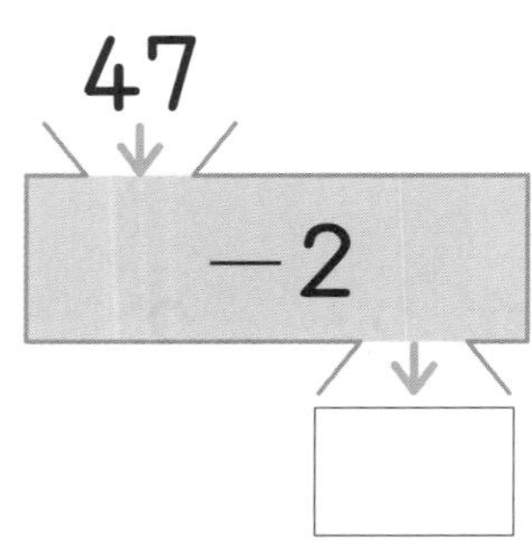

2

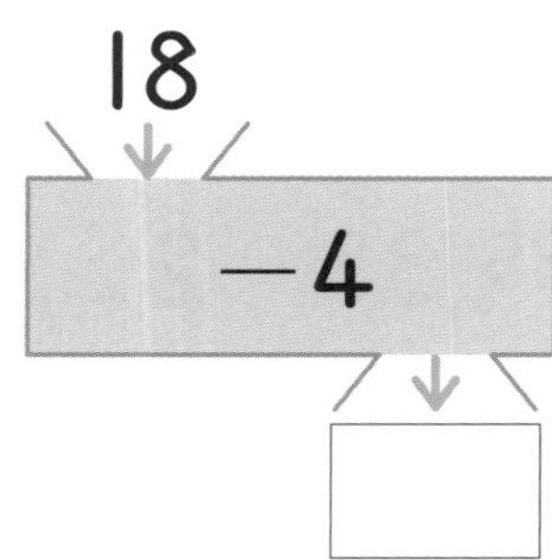

3

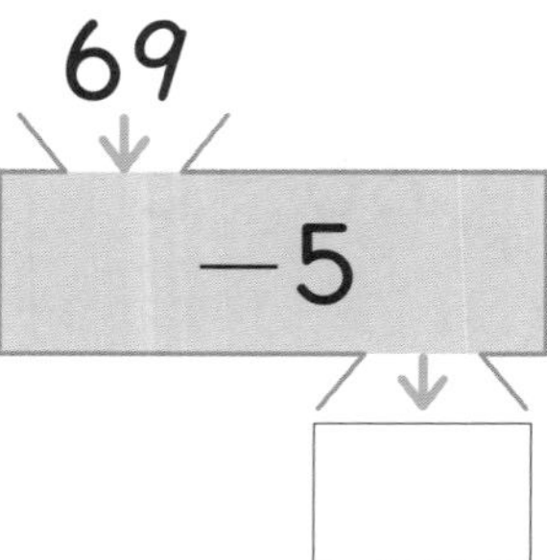

4

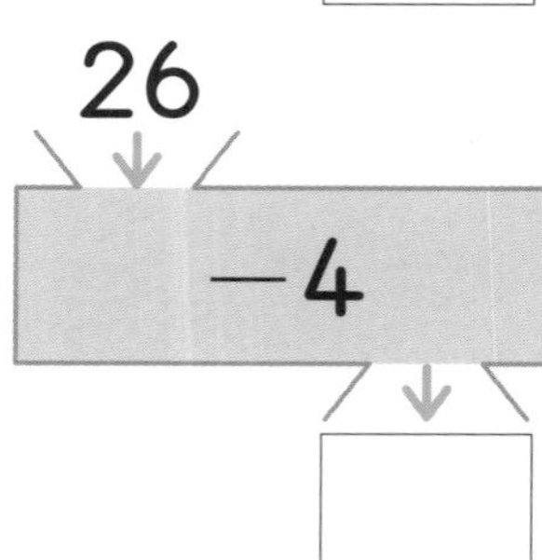

5

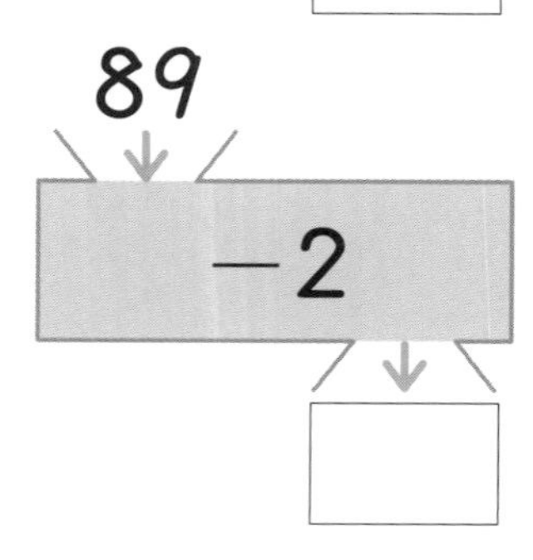

6

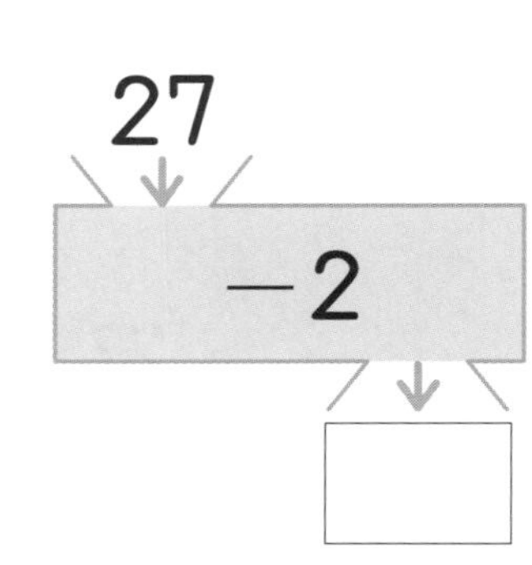

7

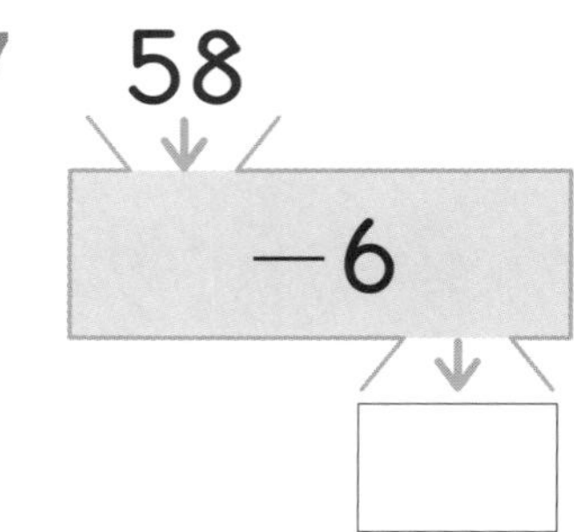

8

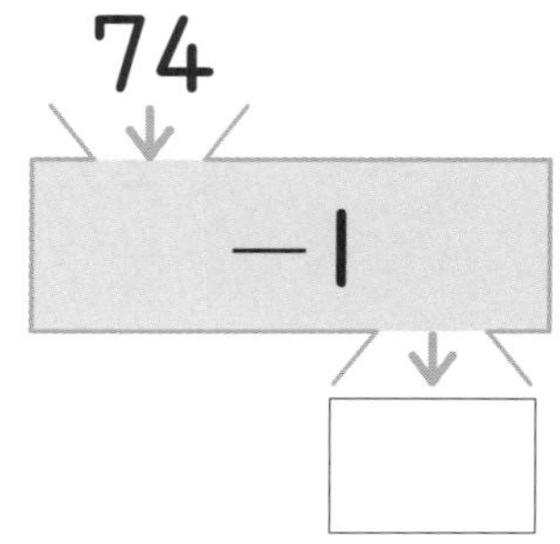

9

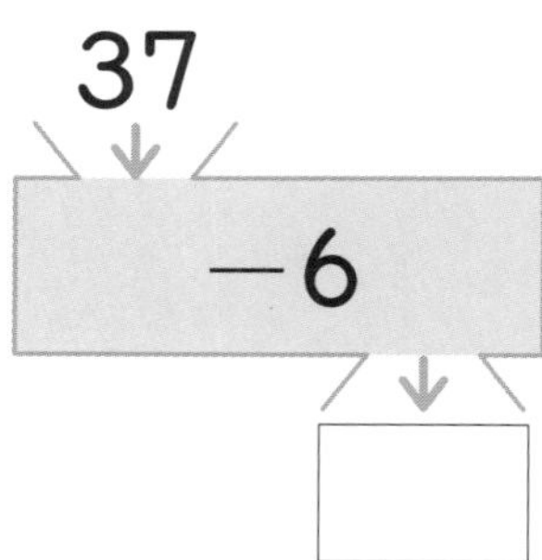

10

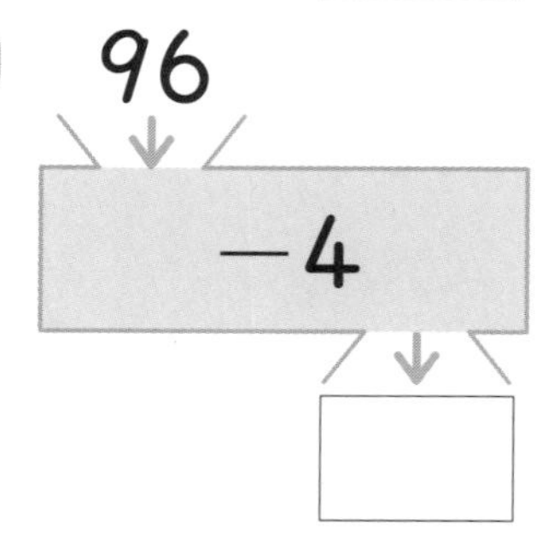

 빈 곳에 두 수의 차를 써넣으세요.

11
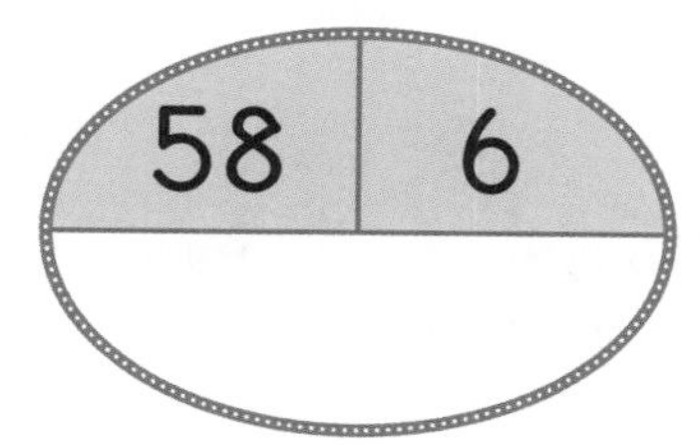

16

12
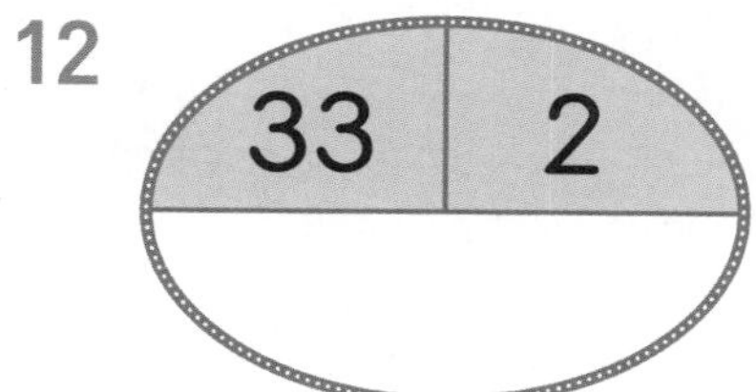

17

13
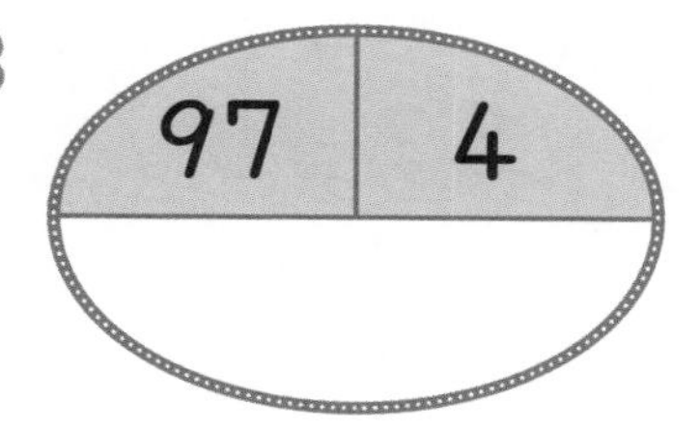

18

14
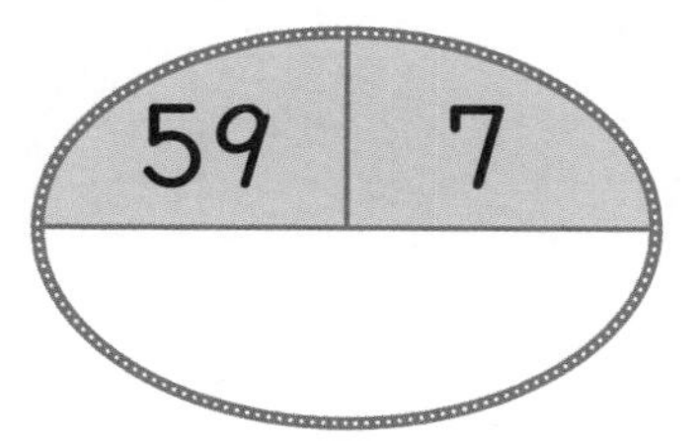

19

15
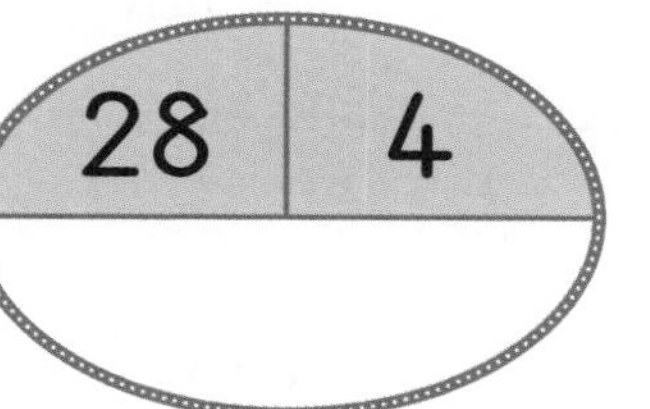

20
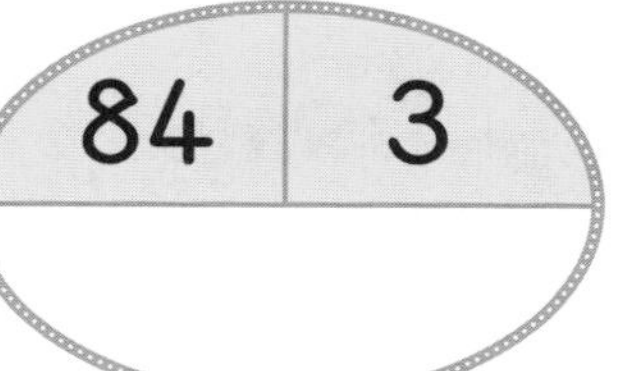

계산 결과가 52인 돌을 밟고 건너려고 합니다. 밟아야 하는 돌에 모두 붙임 딱지를 붙여 보세요. 붙임딱지

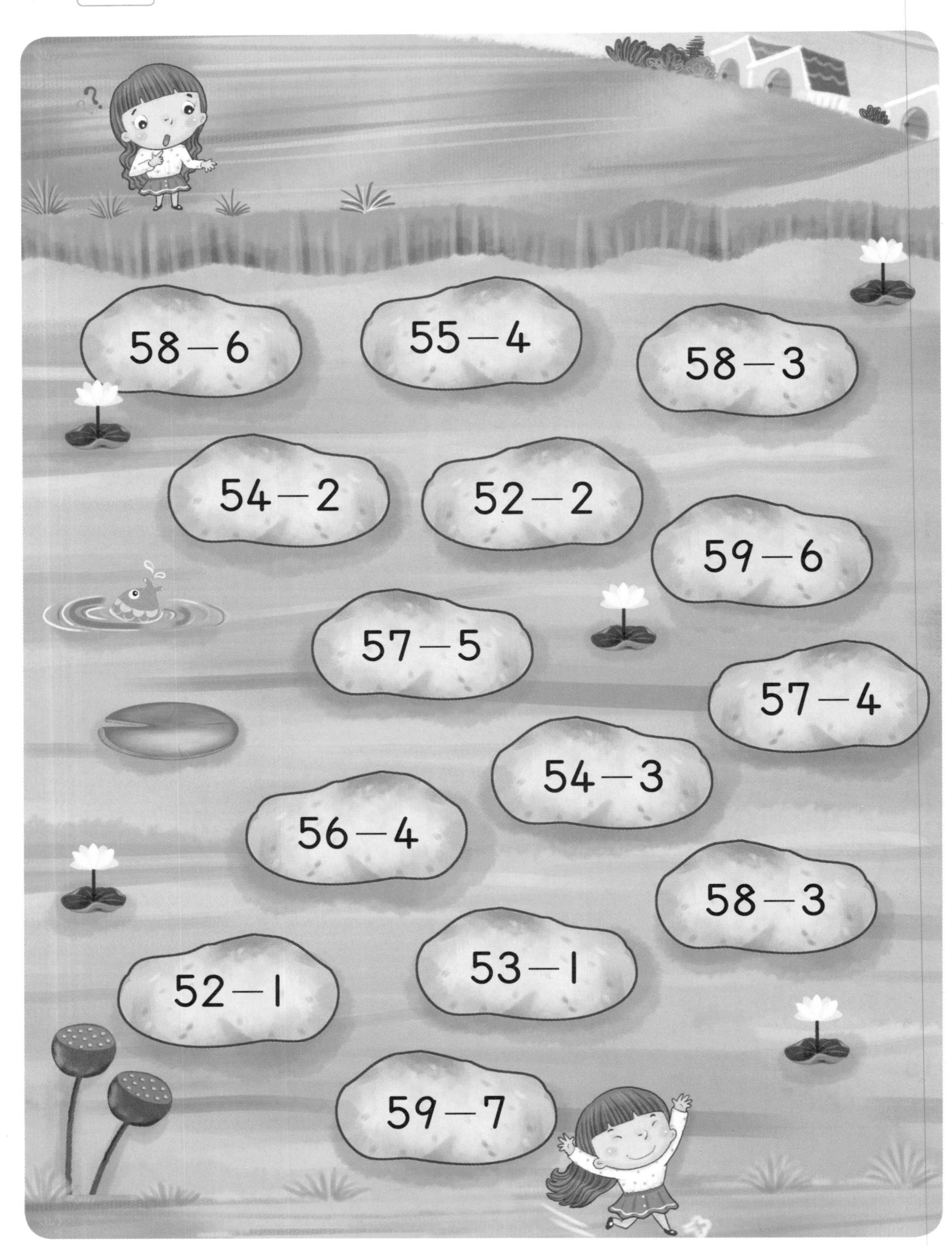

✎ 계산을 하고 계산 결과가 큰 것부터 차례로 글자를 써 보세요.

$55-4=$ ☐ ➡ 테

$78-6=$ ☐ ➡ 암

$48-5=$ ☐ ➡ 담

$49-2=$ ☐ ➡ 르

$69-3=$ ☐ ➡ 스

네덜란드의 수도 : ☐ ☐ ☐ ☐ ☐

(몇십) − (몇십), (몇십몇) − (몇십몇)

지훈이는 바구니 안의 블록 40개 중에서 20개를 꺼냈어요. 바구니에 남은 블록은 몇 개인가요?

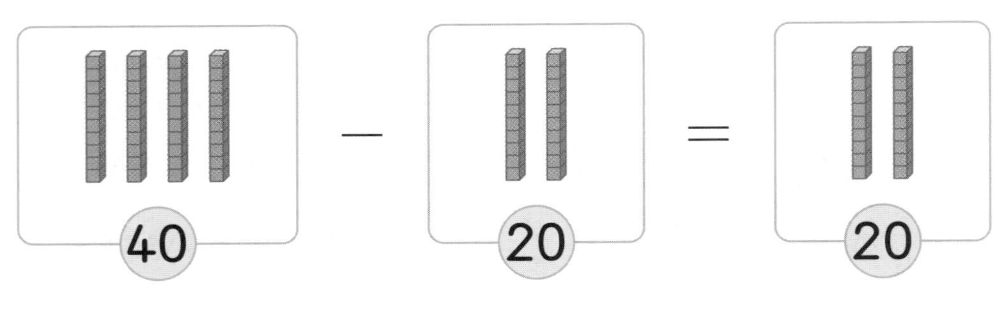

$$40-20=20$$

	십의 자리	일의 자리
	4	0
−	2	0
	2	0

0을 그대로 쓰기

4−2=2

40−20=20이므로 바구니에 남은 블록은 20개예요.

학습계획

일차	1일 학습	2일 학습	3일 학습	4일 학습	5일 학습
공부할 날	월 일	월 일	월 일	월 일	월 일

(몇십몇)−(몇십몇) 구하기

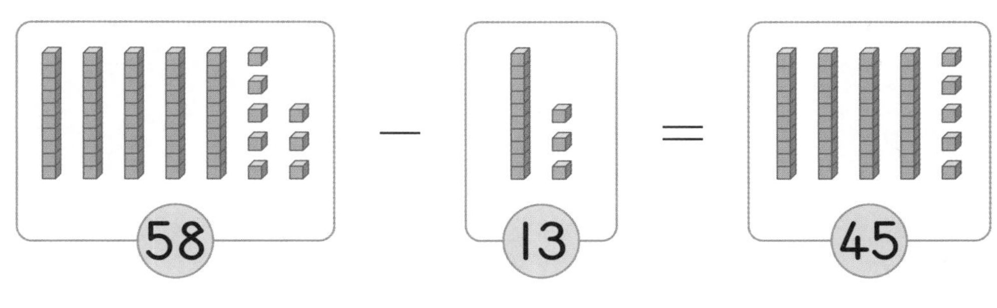

$$58-13=45$$

일의 자리 수끼리 (8−3=5),
십의 자리 수끼리 (5−1=4)
계산해요.

가로셈

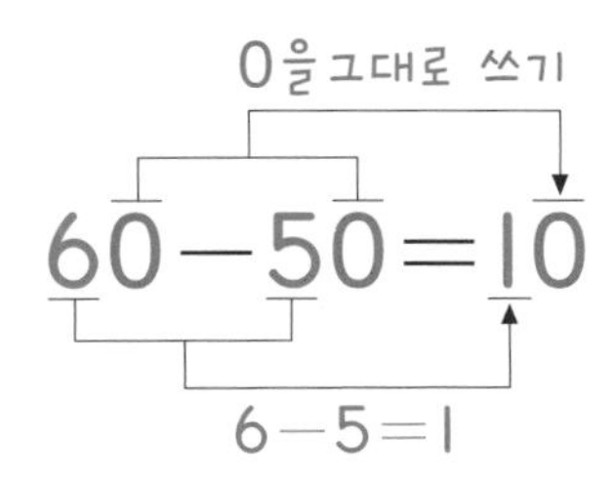

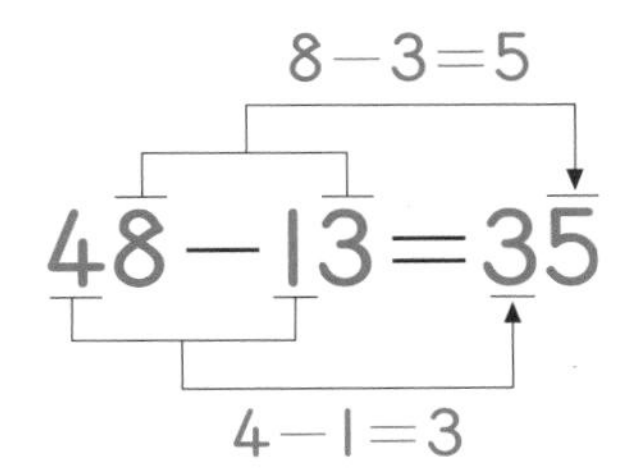

개념 쏙쏙 노트

- (몇십)−(몇십)
  ① 일의 자리에는 0을 씁니다.
  ② 십의 자리 수끼리 빼서 십의 자리에 씁니다.
- (몇십몇)−(몇십몇)
  ① 일의 자리 수끼리 뺀 것을 일의 자리에 씁니다.
  ② 십의 자리 수끼리 뺀 것을 십의 자리에 씁니다.

(몇십) − (몇십), (몇십몇) − (몇십몇)

✎ 계산해 보세요.

1 $\begin{array}{r} 50 \\ -\ 30 \\ \hline \end{array}$

2 $\begin{array}{r} 24 \\ -\ 12 \\ \hline \end{array}$

3 $\begin{array}{r} 53 \\ -\ 31 \\ \hline \end{array}$

4 $\begin{array}{r} 60 \\ -\ 20 \\ \hline \end{array}$

5 $\begin{array}{r} 46 \\ -\ 31 \\ \hline \end{array}$

6 $\begin{array}{r} 83 \\ -\ 32 \\ \hline \end{array}$

7 $\begin{array}{r} 70 \\ -\ 50 \\ \hline \end{array}$

8 $\begin{array}{r} 68 \\ -\ 55 \\ \hline \end{array}$

9 $\begin{array}{r} 79 \\ -\ 62 \\ \hline \end{array}$

10 $\begin{array}{r} 50 \\ -\ 10 \\ \hline \end{array}$

11 $\begin{array}{r} 75 \\ -\ 52 \\ \hline \end{array}$

12 $\begin{array}{r} 90 \\ -\ 30 \\ \hline \end{array}$

13 $\begin{array}{r} 80 \\ -\ 40 \\ \hline \end{array}$

14 $\begin{array}{r} 97 \\ -\ 42 \\ \hline \end{array}$

15 $\begin{array}{r} 93 \\ -\ 13 \\ \hline \end{array}$

계산해 보세요.

십의 자리 일의 자리

16 $50-40=$ □□

17 $23-11=$ □□

18 $48-25=$ □□

19 $40-10=$ □□

20 $79-65=$ □□

21 $52-22=$ □□

22 $80-30=$ □□

23 $64-21=$ □□

24 $39-13=$ □□

25 $48-34=$ □□

26 $69-54=$ □□

27 $90-40=$ □□

28 $27-15=$ □□

29 $62-21=$ □□

30 $80-50=$ □□

31 $78-64=$ □□

스스로 평가

2일 반복

(몇십) — (몇십), (몇십몇) — (몇십몇)

계산해 보세요.

1
$$\begin{array}{r} 60 \\ -\ 20 \\ \hline \end{array}$$

2
$$\begin{array}{r} 25 \\ -\ 12 \\ \hline \end{array}$$

3
$$\begin{array}{r} 42 \\ -\ 22 \\ \hline \end{array}$$

4
$$\begin{array}{r} 30 \\ -\ 20 \\ \hline \end{array}$$

5
$$\begin{array}{r} 24 \\ -\ 12 \\ \hline \end{array}$$

6
$$\begin{array}{r} 56 \\ -\ 14 \\ \hline \end{array}$$

7
$$\begin{array}{r} 69 \\ -\ 23 \\ \hline \end{array}$$

8
$$\begin{array}{r} 60 \\ -\ 40 \\ \hline \end{array}$$

9
$$\begin{array}{r} 75 \\ -\ 43 \\ \hline \end{array}$$

10
$$\begin{array}{r} 90 \\ -\ 50 \\ \hline \end{array}$$

11
$$\begin{array}{r} 26 \\ -\ 14 \\ \hline \end{array}$$

12
$$\begin{array}{r} 70 \\ -\ 30 \\ \hline \end{array}$$

13
$$\begin{array}{r} 58 \\ -\ 37 \\ \hline \end{array}$$

14
$$\begin{array}{r} 60 \\ -\ 30 \\ \hline \end{array}$$

15
$$\begin{array}{r} 74 \\ -\ 51 \\ \hline \end{array}$$

계산해 보세요.

(십의 자리, 일의 자리)

16 $29-16=$ ☐☐

17 $76-45=$ ☐☐

18 $60-10=$ ☐☐

19 $37-21=$ ☐☐

20 $55-32=$ ☐☐

21 $80-50=$ ☐☐

22 $71-21=$ ☐☐

23 $93-52=$ ☐☐

24 $92-81=$ ☐☐

25 $63-42=$ ☐☐

26 $80-60=$ ☐☐

27 $77-46=$ ☐☐

28 $39-24=$ ☐☐

29 $47-32=$ ☐☐

30 $90-60=$ ☐☐

31 $88-63=$ ☐☐

스스로 평가

3일 반복

(몇십) − (몇십), (몇십몇) − (몇십몇)

계산해 보세요.

1
$$\begin{array}{r} 28 \\ -\ 15 \\ \hline \end{array}$$

2
$$\begin{array}{r} 36 \\ -\ 13 \\ \hline \end{array}$$

3
$$\begin{array}{r} 70 \\ -\ 40 \\ \hline \end{array}$$

4
$$\begin{array}{r} 35 \\ -\ 13 \\ \hline \end{array}$$

5
$$\begin{array}{r} 41 \\ -\ 20 \\ \hline \end{array}$$

6
$$\begin{array}{r} 40 \\ -\ 20 \\ \hline \end{array}$$

7
$$\begin{array}{r} 55 \\ -\ 21 \\ \hline \end{array}$$

8
$$\begin{array}{r} 85 \\ -\ 73 \\ \hline \end{array}$$

9
$$\begin{array}{r} 90 \\ -\ 30 \\ \hline \end{array}$$

10
$$\begin{array}{r} 57 \\ -\ 41 \\ \hline \end{array}$$

11
$$\begin{array}{r} 76 \\ -\ 23 \\ \hline \end{array}$$

12
$$\begin{array}{r} 73 \\ -\ 32 \\ \hline \end{array}$$

13
$$\begin{array}{r} 90 \\ -\ 20 \\ \hline \end{array}$$

14
$$\begin{array}{r} 51 \\ -\ 21 \\ \hline \end{array}$$

15
$$\begin{array}{r} 97 \\ -\ 43 \\ \hline \end{array}$$

16
$$\begin{array}{r} 77 \\ -\ 11 \\ \hline \end{array}$$

17
$$\begin{array}{r} 98 \\ -\ 56 \\ \hline \end{array}$$

18
$$\begin{array}{r} 69 \\ -\ 37 \\ \hline \end{array}$$

공부한 날 월 일

맞힌 개수 개
걸린 시간 분

계산해 보세요.

19 60−50

20 44−23

21 78−63

22 40−20

23 65−33

24 57−43

25 84−31

26 23−12

27 83−32

28 50−40

29 94−62

30 46−32

31 90−40

32 59−43

33 79−51

34 99−34

35 53−31

36 90−70

37 49−25

38 86−71

39 50−20

(몇십) — (몇십), (몇십몇) — (몇십몇)

계산해 보세요.

1 $\begin{array}{r} 40 \\ -\ 20 \\ \hline \end{array}$

2 $\begin{array}{r} 57 \\ -\ 43 \\ \hline \end{array}$

3 $\begin{array}{r} 60 \\ -\ 10 \\ \hline \end{array}$

4 $\begin{array}{r} 69 \\ -\ 37 \\ \hline \end{array}$

5 $\begin{array}{r} 81 \\ -\ 61 \\ \hline \end{array}$

6 $\begin{array}{r} 35 \\ -\ 13 \\ \hline \end{array}$

7 $\begin{array}{r} 80 \\ -\ 20 \\ \hline \end{array}$

8 $\begin{array}{r} 73 \\ -\ 32 \\ \hline \end{array}$

9 $\begin{array}{r} 34 \\ -\ 11 \\ \hline \end{array}$

10 $\begin{array}{r} 30 \\ -\ 20 \\ \hline \end{array}$

11 $\begin{array}{r} 90 \\ -\ 50 \\ \hline \end{array}$

12 $\begin{array}{r} 97 \\ -\ 54 \\ \hline \end{array}$

13 $\begin{array}{r} 56 \\ -\ 32 \\ \hline \end{array}$

14 $\begin{array}{r} 90 \\ -\ 20 \\ \hline \end{array}$

15 $\begin{array}{r} 84 \\ -\ 33 \\ \hline \end{array}$

16 $\begin{array}{r} 70 \\ -\ 40 \\ \hline \end{array}$

17 $\begin{array}{r} 99 \\ -\ 77 \\ \hline \end{array}$

18 $\begin{array}{r} 55 \\ -\ 24 \\ \hline \end{array}$

19 $43-31$

20 $95-63$

21 $67-31$

22 $34-23$

23 $60-30$

24 $77-11$

25 $44-21$

26 $70-20$

27 $32-10$

28 $42-21$

29 $82-32$

30 $70-30$

31 $93-31$

32 $80-60$

33 $98-15$

34 $78-22$

35 $50-20$

36 $92-71$

37 $45-12$

38 $60-10$

39 $46-25$

5일 응용

(몇십) − (몇십), (몇십몇) − (몇십몇)

빈 곳에 알맞은 수를 써넣으세요.

1 | 70 | −20 | □

2 | 22 | −10 | □

3 | 26 | −12 | □

4 | 66 | −34 | □

5 | 53 | −31 | □

6 | 83 | −32 | □

7 | 92 | −61 | □

8 | 94 | −42 | □

9 | 79 | −62 | □

10 | 48 | −13 | □

빈 곳에 알맞은 수를 써넣으세요.

11 —

80	40	
90	30	

12 —

51	30	
40	20	

13 —

37	12	
88	35	

14 —

73	42	
67	52	

15 —

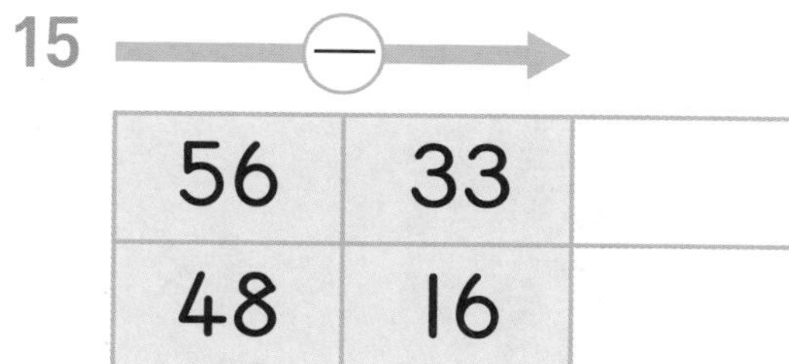

56	33	
48	16	

16 —

28	17	
94	71	

17 —

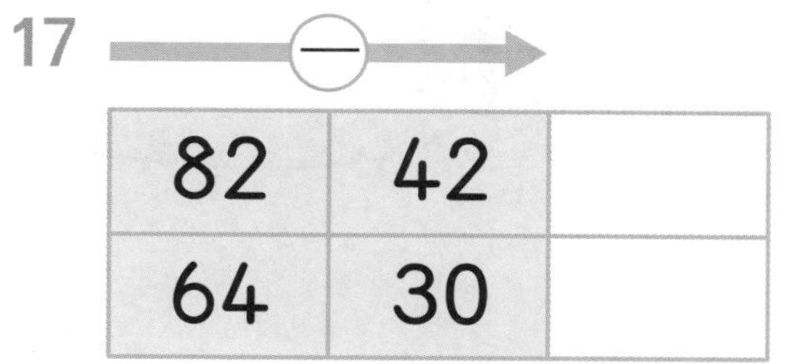

82	42	
64	30	

18 —

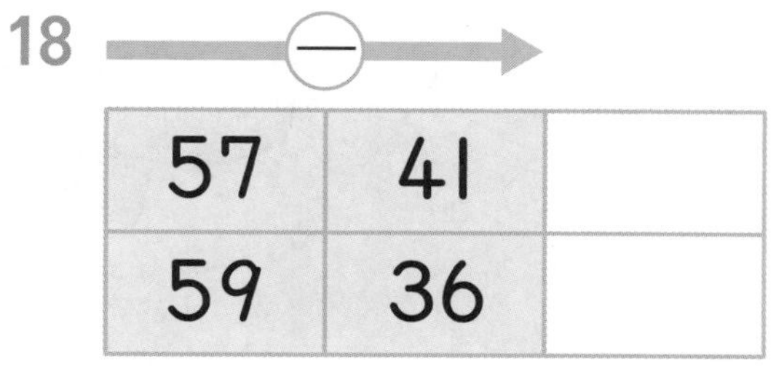

57	41	
59	36	

스스로 평가

계산 결과가 다른 사탕 한 개를 찾아 ×표 하세요.

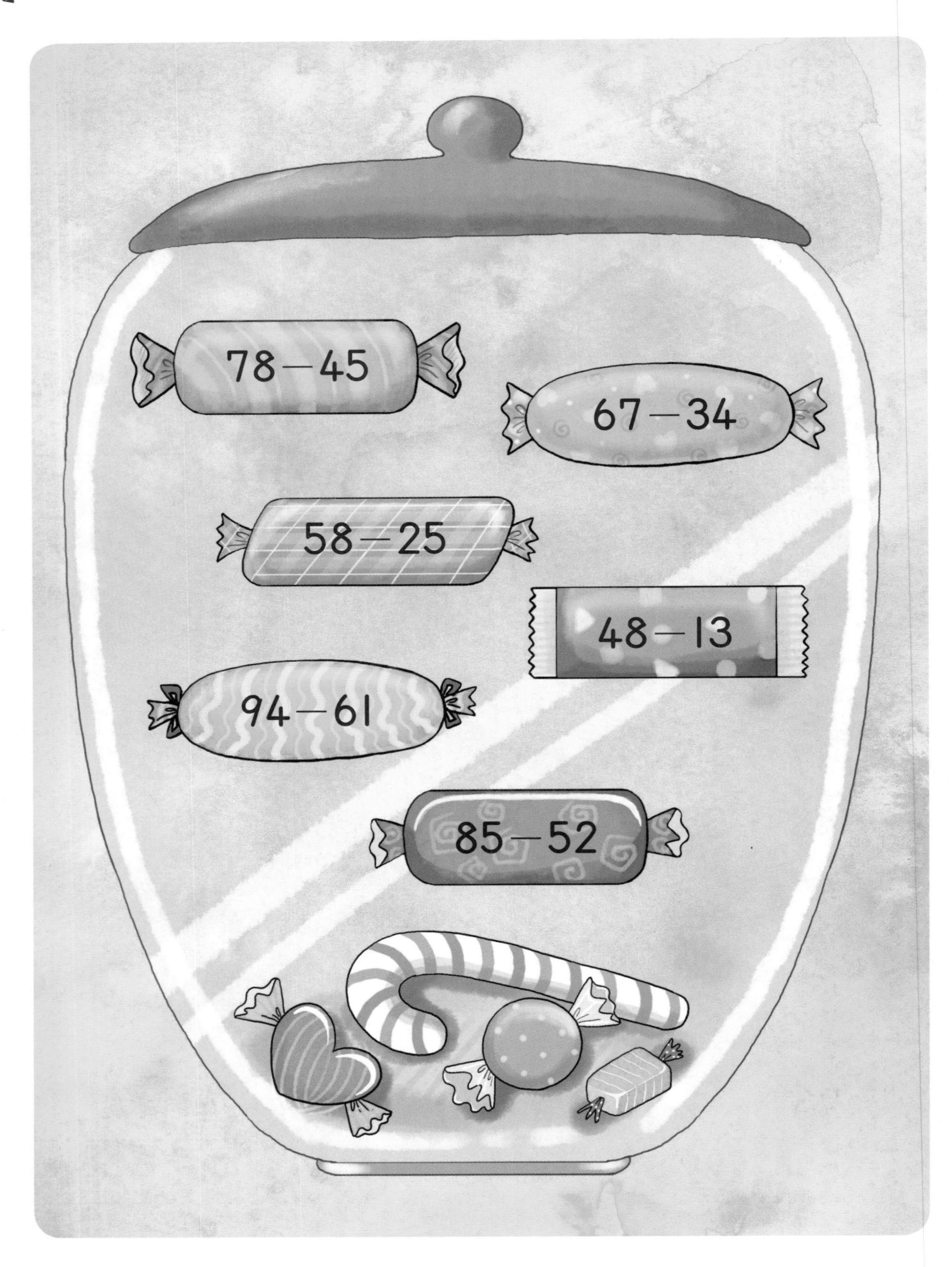

줄을 따라 간 곳에 계산 결과를 써 보세요.

1권 | 자연수의 덧셈과 뺄셈 (1)		일차	표준 시간	문제 개수
1주	9까지의 수 모으기와 가르기	1일차	5분	16개
		2일차	5분	16개
		3일차	6분	24개
		4일차	6분	24개
		5일차	6분	20개
2주	합이 9까지인 수의 덧셈	1일차	5분	14개
		2일차	12분	34개
		3일차	12분	34개
		4일차	12분	34개
		5일차	12분	30개
3주	차가 9까지인 수의 뺄셈	1일차	5분	14개
		2일차	12분	34개
		3일차	12분	34개
		4일차	12분	34개
		5일차	12분	30개
4주	덧셈식과 뺄셈식 만들기	1일차	7분	12개
		2일차	12분	36개
		3일차	12분	14개
		4일차	12분	20개
		5일차	12분	20개
5주	덧셈식과 뺄셈식 완성하기	1일차	5분	16개
		2일차	14분	42개
		3일차	14분	42개
		4일차	14분	42개
		5일차	8분	20개
6주	(몇십) + (몇), (몇) + (몇십)	1일차	10분	36개
		2일차	10분	36개
		3일차	11분	39개
		4일차	11분	39개
		5일차	8분	20개
7주	(몇십몇) + (몇), (몇) + (몇십몇)	1일차	10분	36개
		2일차	10분	36개
		3일차	11분	39개
		4일차	11분	39개
		5일차	8분	18개
8주	(몇십) + (몇십), (몇십몇) + (몇십몇)	1일차	9분	31개
		2일차	9분	31개
		3일차	11분	39개
		4일차	11분	39개
		5일차	9분	16개
9주	(몇십몇) − (몇)	1일차	10분	36개
		2일차	10분	36개
		3일차	11분	39개
		4일차	11분	39개
		5일차	8분	20개
10주	(몇십) − (몇십), (몇십몇) − (몇십몇)	1일차	9분	31개
		2일차	9분	31개
		3일차	11분	39개
		4일차	11분	39개
		5일차	8분	18개

메가 계산력 1권

16쪽

1 2 3 4 5 6 7 8 9

17쪽

1 2 3 4 5 6 7 8 9

58쪽

101쪽

4 5 6 23 36 42 63

128쪽

1일 10분

초등 메가 계산력

1일 10분
초등 메가
계산력

자기 주도 학습력을 높이는
1일 10분 습관의 힘

1일 10분 초등 메가 계산력

자연수의 덧셈과 뺄셈 (1)

정답

메가스터디BOOKS

자기 주도 학습력을 높이는
1일 10분 습관의 힘

1일 10분
초등 메가 계산력

1 권

초등 **1**학년

자연수의 덧셈과 뺄셈 (1)

정답

메가 계산력 이것이 다릅니다!

수학, 왜 어려워할까요?

자연수

쉽게 느끼는 영역	어렵게 느끼는 영역
작은 수	큰 수
덧셈	뺄셈
덧셈, 뺄셈	곱셈, 나눗셈
곱셈	나눗셈
세 수의 덧셈, 세 수의 뺄셈	세 수의 덧셈과 뺄셈 혼합 계산
사칙연산의 혼합 계산	괄호를 포함한 혼합 계산

분수와 소수

쉽게 느끼는 영역	어렵게 느끼는 영역
배수	약수
통분	약분
소수의 덧셈, 뺄셈	분수의 덧셈, 뺄셈
분수의 곱셈, 나눗셈	소수의 곱셈, 나눗셈
분수의 곱셈과 나눗셈의 혼합계산	소수의 곱셈과 나눗셈의 혼합계산
사칙연산의 혼합 계산	괄호를 포함한 혼합 계산

아이들은 수와 연산을 습득하면서 나름의 난이도 기준이 생깁니다. 이때 '수학은 어려운 과목 또는 지루한 과목'이라는 덫에 한번 걸리면 트라우마가 되어 그 덫에서 벗어나기가 굉장히 어려워집니다.

"수학의 기본인 계산력이 부족하기 때문입니다."

계산력, “플로 스몰 스텝”으로 키운다!

1일 10분 초등 메가 계산력은 반복 학습 시스템 **“플로 스몰 스텝(flow small step)”**으로 구성하였습니다. **“플로 스몰 스텝(flow small step)”**이란, 학습 내용을 잘게 쪼개어 자연스럽게 단계를 밟아가며 학습하도록 하는 프로그램입니다. 이 방식에 따라 학습하다 보면 난이도가 높아지더라도 크게 어려움을 느끼지 않으면서 수학의 개념과 원리를 자연스럽게 깨우치게 되고, 수학을 어렵거나 지루한 과목이라고 느끼지 않게 됩니다.

1. 매일 꾸준히 하는 것이 중요합니다.

자전거 타는 방법을 한번 익히면 잘 잊어버리지 않습니다. 이것을 우리는 '체화되었다'라고 합니다. 자전거를 잘 타게 될 때까지 매일 넘어지고, 다시 달리고를 반복하기 때문입니다. 계산력도 마찬가지입니다.

계산의 원리와 순서를 이해해도 꾸준히 학습하지 않으면 바로 잊어버리기 쉽습니다. 계산을 잘하는 아이들은 문제 풀이 속도도 빠르고, 실수도 적습니다. 그것은 단기간에 얻을 수 있는 결과가 아닙니다. 지금 현재 잘하는 것처럼 보인다고 시간이 흐른 후에도 잘하는 것이 아닙니다. 자전거 타기가 완전히 체화되어서 자연스럽게 달리고 멈추기를 실수 없이 하게 될 때까지 매일 연습하듯, 계산력도 매일 꾸준히 연습해서 단련해야 합니다.

2. 빠른 것보다 정확하게 푸는 것이 중요합니다!

초등 교과 과정의 수학 교과서 “수와 연산” 영역에서는 문제에 대한 다양한 풀이법을 요구하고 있습니다. 왜 그럴까요?

기계적인 단순 반복 계산 훈련을 막기 위해서라기보다 더욱 빠르고 정확하게 문제를 해결하는 계산력 향상을 위해서입니다. 빠르고 정확한 계산을 하는 셈 방법에는 머리셈과 필산이 있습니다. 이제까지의 계산력 훈련으로는 손으로 직접 쓰는 필산만이 중요시되었습니다. 하지만 새 교육과정에서는 필산과 함께 머리셈을 더욱 강조하고 있으며 아이들에게도 이는 재미있는 도전이 될 것입니다. 그렇다고 해서 머리셈을 위한 계산 개념을 따로 공부해야 하는 것이 아닙니다. 체계적인 흐름에 따라 문제를 풀면서 자연스럽게 습득할 수 있어야 합니다.

초등 교과 과정에 맞춰 체계화된 1일 10분 초등 메가 계산력의 **“플로 스몰 스텝(flow small step)”** 프로그램으로 계산력을 키워 주세요.

계산력 향상은 중 · 고등 수학까지 연결되는 사고력 확장의 단단한 바탕입니다.

정답 1주 9까지의 수 모으기와 가르기

1일

6쪽

1 ○○○
2 ○○○○○
3 ○○○○○○
4 ○○○○
5 ○○
6 ○○○○○○○○
7 ○○○○○○○
8 ○○○○○○○○○

7쪽

9 5
10 7
11 3
12 8
13 6
14 4
15 9
16 7

2일

8쪽

1 ○○○
2 ○○
3 ○○○
4 ○
5 ○○○○○
6 ○○○○
7 ○
8 ○○○○

9쪽

9 2
10 4
11 1
12 3
13 4
14 5
15 1
16 4

3일

10쪽

1 4
2 7
3 8
4 9
5 5
6 6
7 3
8 7
9 6
10 7
11 9
12 8

11쪽

13 1
14 2
15 3
16 6
17 2
18 4
19 4
20 5
21 5
22 1
23 4
24 3

4일

12쪽

1	6	5	7	9	7
2	4	6	6	10	5
3	9	7	4	11	9
4	3	8	8	12	2

13쪽

13	3	17	6	21	3
14	5	18	1	22	1
15	2	19	5	23	2
16	4	20	3	24	2

5일

14쪽

1	4	6	3
2	6	7	5
3	8	8	7
4	5	9	6
5	7	10	8

15쪽

11	2	16	3
12	1	17	2
13	3	18	3
14	5	19	7
15	2	20	2

생각 수학

16쪽

17쪽

정답 2주 합이 9까지인 수의 덧셈

1일

20쪽

1 3
2 6
3 9
4 5
5 3, 6
6 2, 8
7 5, 3, 8
8 3, 4, 7

21쪽

9 5 / 예 2 더하기 3은 5와 같습니다.
10 8 / 예 3 더하기 5는 8과 같습니다.
11 4 / 예 1 더하기 3은 4와 같습니다.
12 1, 5 / 예 4와 1의 합은 5입니다.
13 7, 9 / 예 7과 2의 합은 9입니다.
14 2, 5, 7 / 예 2와 5의 합은 7입니다.

2일

22쪽

1 1
2 6
3 7
4 9
5 7
6 4
7 7
8 2
9 6
10 5
11 5
12 7
13 7
14 8
15 3
16 9
17 6
18 6
19 5
20 8
21 8
22 8
23 9
24 8

23쪽

25 6
26 7
27 8
28 9
29 8
30 5
31 7
32 9
33 9
34 6

3일

24쪽

1 1
2 8
3 5
4 7
5 7
6 9
7 3
8 9
9 5
10 4
11 6
12 6
13 5
14 7
15 8
16 9
17 7
18 7
19 9
20 7
21 9
22 6
23 6
24 9

25쪽

25 7
26 7
27 5
28 9
29 4
30 8
31 4
32 8
33 6
34 9

4일

26쪽

1 1
2 4
3 9
4 5
5 7
6 6
7 9
8 8
9 3
10 9
11 7
12 5
13 2
14 6
15 6
16 8
17 4
18 9
19 9
20 7
21 6
22 6
23 8
24 8

27쪽

25 5
26 6
27 9
28 4
29 5
30 5
31 7
32 8
33 8
34 9

5일

28쪽

1 2
2 9
3 9
4 2
5 6
6 7
7 5
8 9
9 7
10 9
11 9
12 9
13 9
14 7
15 9
16 4
17 7
18 5
19 8
20 8
21 4
22 6
23 5
24 8

29쪽

(시계 방향으로)

25 9, 3, 7, 6, 1
26 5, 9, 4, 7, 8
27 8, 7, 6, 9
28 9, 5, 8, 7, 6
29 9, 7, 8
30 3, 6, 9

생각 수학

30쪽 **31쪽**

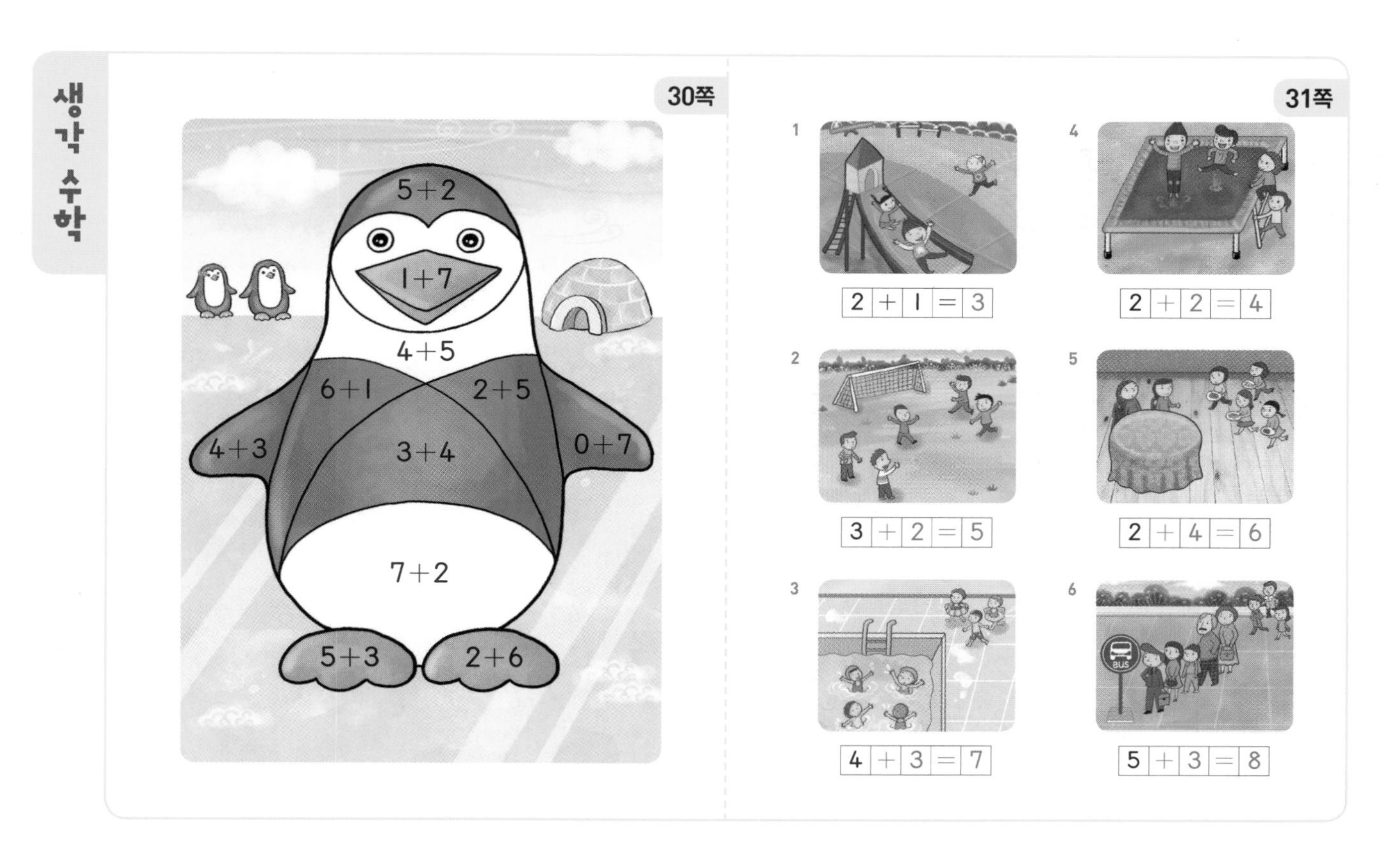

정답 3주 차가 9까지인 수의 뺄셈

1일

34쪽

1 3
2 2
3 3
4 1
5 3, 5
6 1, 3
7 4, 3
8 3, 6

35쪽

9 2 / ㉠ 3 빼기 1은 2와 같습니다.
10 3 / ㉠ 5 빼기 2는 3과 같습니다.
11 1 / ㉠ 4 빼기 3은 1과 같습니다.
12 5, 1 / ㉠ 6과 5의 차는 1입니다.
13 8, 3 / ㉠ 8과 5의 차는 3입니다.
14 7, 3, 4 / ㉠ 7과 3의 차는 4입니다.

2일

36쪽

1 0
2 2
3 3
4 0
5 1
6 6
7 7
8 0
9 2
10 4
11 2
12 3
13 1
14 3
15 6
16 5
17 2
18 4
19 3
20 1
21 0
22 5
23 4
24 5

37쪽

25 5
26 3
27 5
28 3
29 2
30 3
31 2
32 4
33 4
34 1

3일

38쪽

1 2
2 3
3 4
4 1
5 8
6 1
7 1
8 3
9 1
10 4
11 6
12 1
13 1
14 2
15 2
16 4
17 3
18 3
19 7
20 3
21 6
22 2
23 4
24 5

39쪽

25 6
26 6
27 2
28 2
29 4
30 2
31 1
32 1
33 3
34 6

4일

40쪽

1	0	9	2	17	6
2	5	10	7	18	1
3	3	11	2	19	8
4	4	12	5	20	4
5	2	13	0	21	6
6	9	14	7	22	4
7	1	15	3	23	6
8	1	16	7	24	3

41쪽

25	5	30	5
26	7	31	3
27	2	32	3
28	1	33	4
29	1	34	7

5일

42쪽

1	0	9	2	17	3
2	1	10	6	18	1
3	1	11	4	19	5
4	2	12	7	20	0
5	7	13	4	21	3
6	0	14	0	22	0
7	5	15	3	23	0
8	5	16	3	24	5

43쪽

(시계 방향으로)

25 7, 0, 3, 2, 6

26 3, 6, 2, 4, 5

27 5, 3, 2, 1, 4

28 4, 1, 2, 3, 0

29 0, 2, 3

30 5, 6, 4

생각 수학

44쪽

45쪽

정답 4주 덧셈식과 뺄셈식 만들기

1일

48쪽

1 2, 6 / 6, 4
2 3, 5 / 5, 2
3 1, 4 / 4, 3
4 2, 4 / 4, 2
5 3, 8 / 8, 5
6 2, 8 / 8, 6

49쪽

7 2, 3 / 3, 1
8 4, 5 / 5, 1
9 4, 9 / 9, 5
10 4, 7 / 7, 3
11 5, 7 / 7, 2
12 4, 8 / 8, 4

2일

50쪽

1 + / −
2 + / −
3 − / +
4 + / −
5 − / +
6 − / +
7 + / −
8 + / −
9 − / +
10 + / −
11 − / +
12 − / +
13 − / +
14 + / −
15 + / −

51쪽

16 +
17 −
18 −
19 −
20 +
21 +
22 +
23 −
24 −
25 −
26 +
27 −
28 −
29 +
30 −
31 +
32 −
33 −
34 −
35 +
36 +

3일

52쪽

1 6 / 4 / 2
2 3, 5 / 2, 5 / 5, 3 / 5, 2
3 4, 7 / 3, 7 / 7, 4 / 7, 3
4 3, 8 / 5 / 8, 3
5 5, 9 / 4, 9 / 9, 5 / 9, 4
6 5, 7 / 2, 7 / 7, 5 / 7, 2

53쪽

7 6, 8 / 8, 2
8 3, 7 / 7, 4
9 2, 3 / 3, 1
10 5, 8 / 8, 3
11 2, 6 / 6, 2
12 4, 5 / 5, 4
13 2, 9 / 9, 2
14 6, 9 / 9, 6

4일

54쪽

1 9 / 9 / 9
2 7 / 2 / 5
3 3 / 3 / 3
4 7 / 3 / 4
5 5 / 1 / 4
6 5 / 5 / 5
7 8 / 2 / 6
8 9 / 9 / 9
9 6 / 2 / 4
10 8 / 3 / 5

55쪽

11 7 / 4 / 7, 3, 4
12 9 / 5 / 9, 5, 4
13 6 / 6, 1 / 6, 1, 5
14 5 / 3 / 5, 3, 2
15 6 / 4 / 6, 2, 4
16 7 / 7, 6 / 7, 6, 1
17 9 / 7 / 9, 2, 7
18 7 / 2 / 7, 2, 5
19 9 / 9, 1 / 9, 1, 8
20 8 / 6 / 8, 6, 2

5일

56쪽

1 2 / 2 / 3
2 4 / 2 / 4
3 5 / 8 / 5
4 5 / 2 / 5, 7
5 6 / 6 / 3, 9
6 4 / 9 / 9
7 4 / 4 / 3
8 2 / 2 / 6
9 3 / 1 / 3, 4
10 2 / 6 / 2, 8

57쪽

11 5 / 6 / 5, 6
12 3 / 5, 8 / 5, 3, 8
13 1 / 1, 4, 5 / 1, 5
14 2 / 2, 7 / 5, 2, 7
15 5 / 5, 9 / 4, 5, 9
16 1 / 1 / 7, 1, 8
17 3 / 2, 5 / 2, 3, 5
18 1 / 3, 4 / 3, 1, 4
19 3 / 4, 7 / 4, 3, 7
20 6 / 6, 8 / 2, 6, 8

생각 수학

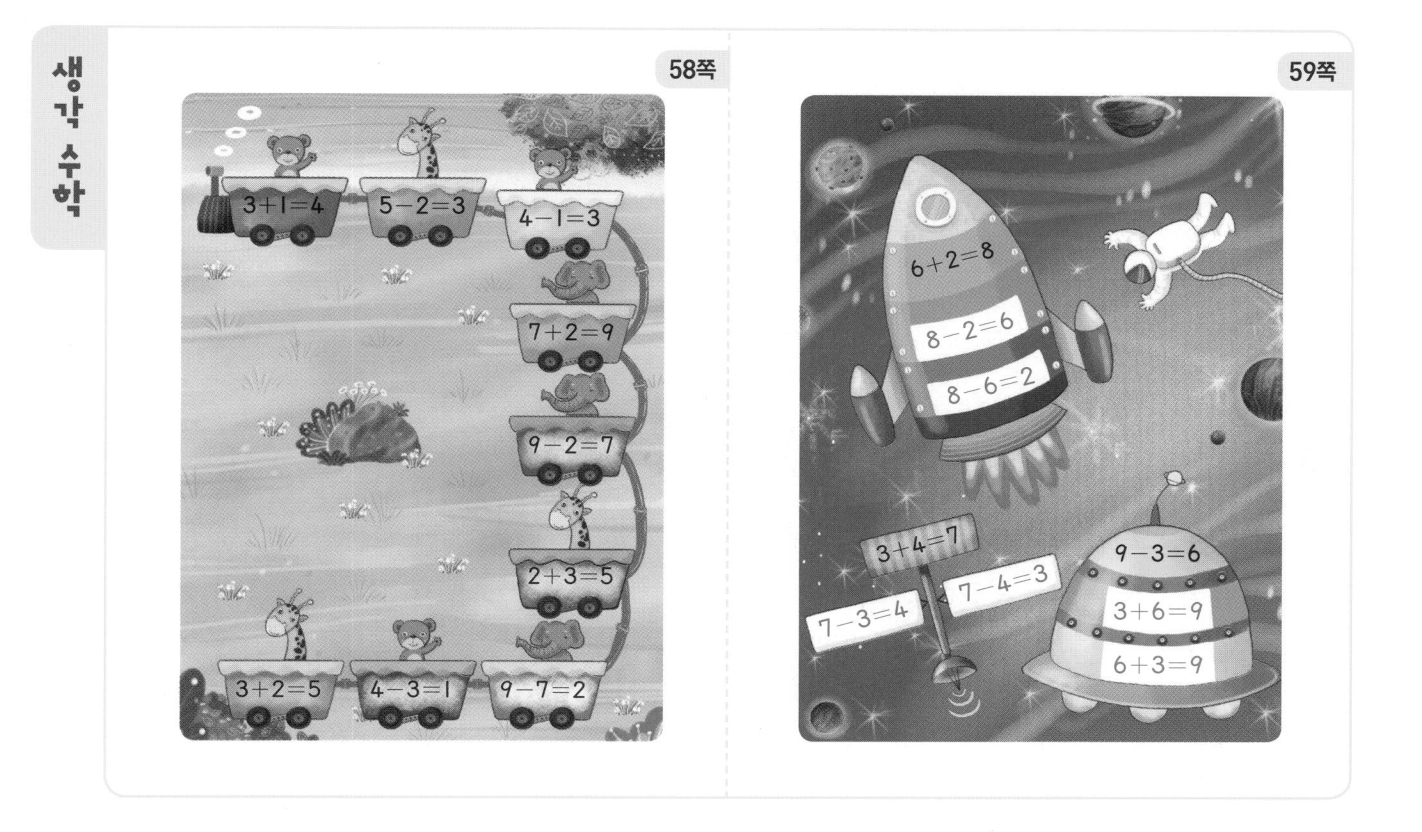

정답 5주 덧셈식과 뺄셈식 완성하기

1일

62쪽

번호	답	번호	답
1	2	5	5
2	5	6	0
3	5	7	4
4	2	8	3

63쪽

번호	답	번호	답
9	2	13	2
10	3	14	4
11	3	15	3
12	5	16	4

2일

64쪽

번호	답	번호	답	번호	답
1	1	8	2	15	6
2	4	9	5	16	5
3	5	10	4	17	2
4	4	11	3	18	0
5	2	12	3	19	3
6	1	13	3	20	2
7	0	14	1	21	6

65쪽

번호	답	번호	답	번호	답
22	5	29	2	36	4
23	1	30	6	37	7
24	7	31	2	38	1
25	2	32	0	39	3
26	2	33	1	40	2
27	4	34	3	41	4
28	8	35	4	42	4

3일

66쪽

번호	답	번호	답	번호	답
1	1	8	9	15	8
2	8	9	7	16	1
3	3	10	3	17	5
4	7	11	3	18	3
5	3	12	2	19	7
6	9	13	2	20	0
7	8	14	6	21	7

67쪽

번호	답	번호	답	번호	답
22	9	29	6	36	7
23	2	30	0	37	5
24	9	31	9	38	6
25	6	32	1	39	2
26	4	33	4	40	3
27	5	34	5	41	3
28	4	35	6	42	1

4일

68쪽

1	4	8	4	15	6
2	3	9	4	16	1
3	6	10	4	17	5
4	3	11	7	18	0
5	5	12	8	19	3
6	7	13	5	20	6
7	5	14	4	21	4

69쪽

22	9	29	2	36	3
23	4	30	8	37	2
24	7	31	2	38	3
25	2	32	3	39	4
26	7	33	6	40	8
27	2	34	0	41	7
28	9	35	7	42	3

5일

70쪽

1	3	6	5
2	2	7	4
3	6	8	3
4	5	9	4
5	2	10	2

71쪽

11	5	16	4
12	2	17	4
13	5	18	6
14	4	19	3
15	1	20	4

생각 수학

72쪽 **73쪽**

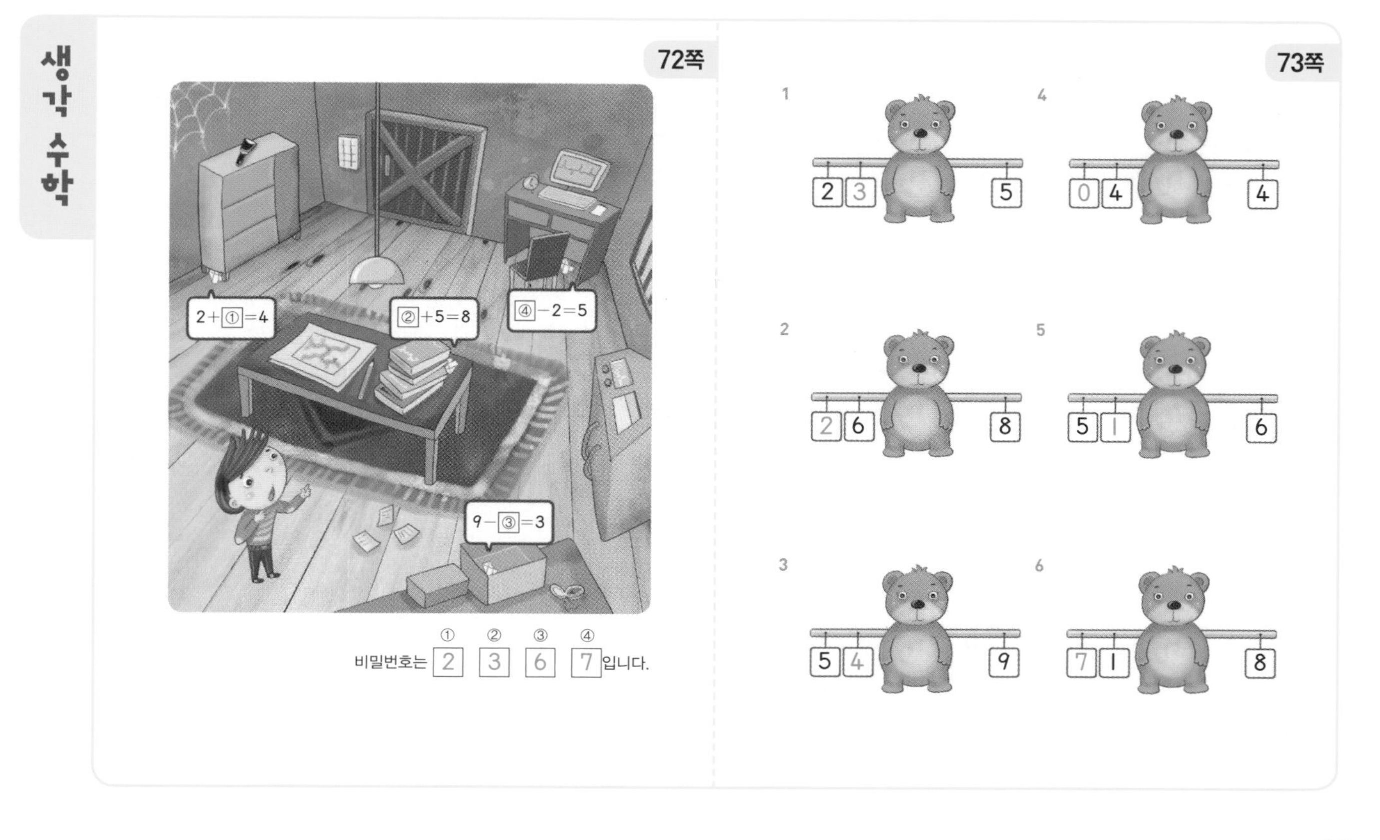

정답 6주 (몇십) + (몇), (몇) + (몇십)

1일

76쪽

1	12	6	24	11	85
2	15	7	73	12	36
3	26	8	84	13	52
4	64	9	98	14	94
5	99	10	43	15	65

77쪽

16	23	23	74	30	54
17	16	24	55	31	15
18	51	25	76	32	91
19	32	26	82	33	35
20	68	27	21	34	14
21	47	28	83	35	69
22	48	29	37	36	42

2일

78쪽

1	17	6	83	11	32
2	81	7	27	12	12
3	51	8	43	13	68
4	97	9	76	14	48
5	34	10	55	15	19

79쪽

16	38	23	49	30	95
17	53	24	52	31	65
18	98	25	72	32	41
19	19	26	15	33	26
20	73	27	47	34	64
21	28	28	37	35	16
22	88	29	22	36	84

3일

80쪽

1	25	7	42	13	73
2	96	8	33	14	57
3	84	9	21	15	95
4	36	10	45	16	12
5	33	11	78	17	56
6	94	12	52	18	47

81쪽

19	62	26	11	33	17
20	15	27	24	34	35
21	77	28	85	35	14
22	36	29	93	36	63
23	43	30	72	37	25
24	78	31	68	38	87
25	54	32	59	39	39

4일

82쪽

1	46	7	13	13	63
2	84	8	25	14	51
3	93	9	41	15	75
4	49	10	34	16	98
5	52	11	26	17	49
6	89	12	36	18	95

83쪽

19	63	26	83	33	74
20	25	27	42	34	95
21	16	28	54	35	19
22	73	29	36	36	94
23	77	30	48	37	29
24	16	31	24	38	62
25	91	32	33	39	35

5일

84쪽

1	24	6	79
2	75	7	31
3	68	8	87
4	42	9	54
5	16	10	93

85쪽

11	48	16	59
12	25	17	66
13	73	18	14
14	57	19	31
15	98	20	82

생각 수학

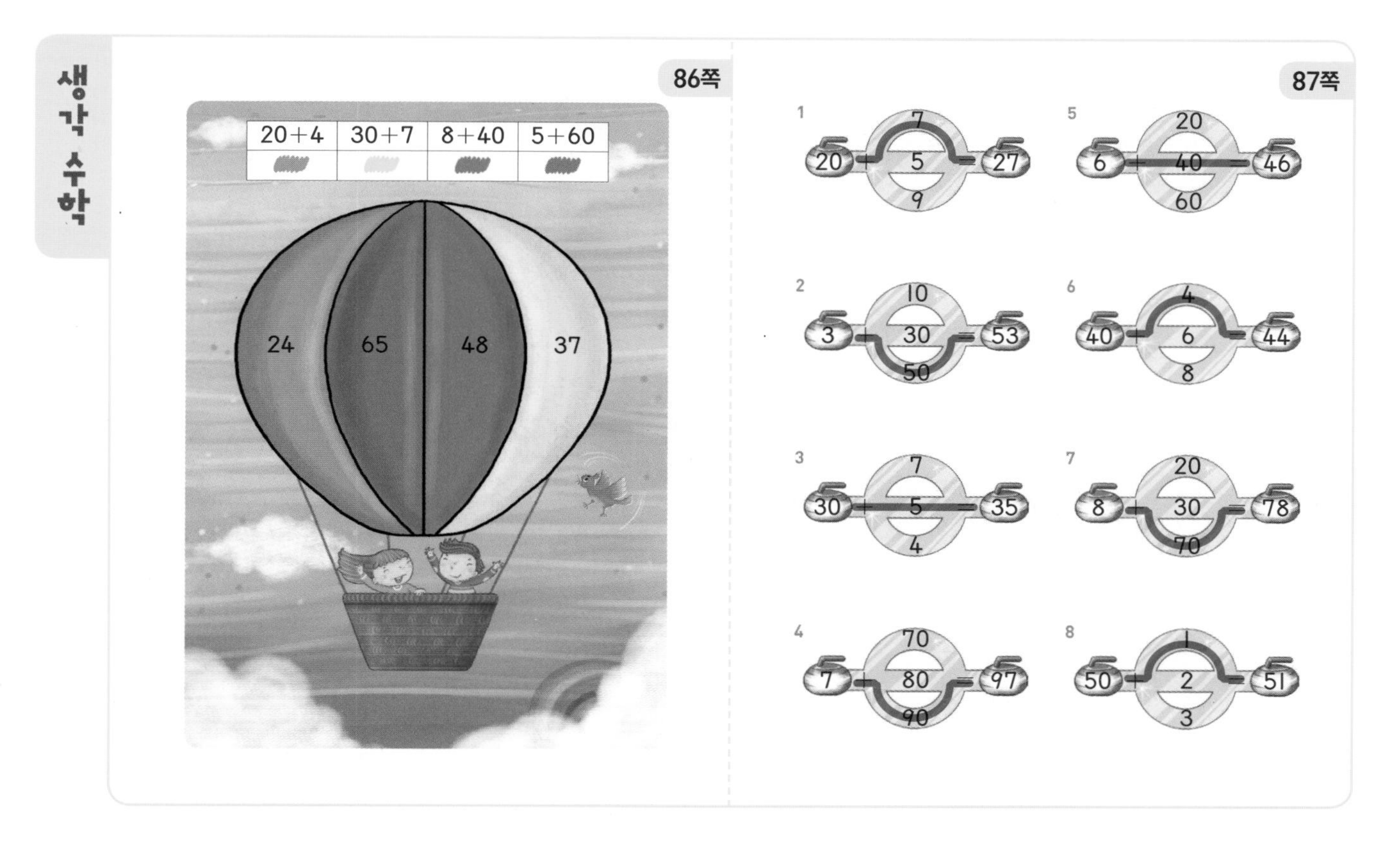

정답 7주 (몇십몇) + (몇), (몇) + (몇십몇)

1일

90쪽

1 19
2 64
3 26
4 78
5 68
6 38
7 16
8 48
9 99
10 88
11 96
12 29
13 56
14 38
15 67

91쪽

16 47
17 94
18 34
19 76
20 16
21 87
22 26
23 58
24 97
25 79
26 49
27 17
28 56
29 29
30 86
31 39
32 97
33 57
34 28
35 79
36 19

2일

92쪽

1 19
2 27
3 64
4 77
5 48
6 56
7 38
8 47
9 88
10 99
11 27
12 17
13 36
14 99
15 45

93쪽

16 16
17 95
18 57
19 85
20 26
21 68
22 78
23 39
24 89
25 18
26 78
27 56
28 28
29 69
30 36
31 44
32 57
33 78
34 18
35 98
36 67

3일

94쪽

1 18
2 29
3 28
4 58
5 48
6 79
7 19
8 18
9 83
10 89
11 44
12 58
13 39
14 56
15 19
16 36
17 56
18 98

95쪽

19 93
20 57
21 76
22 54
23 68
24 47
25 59
26 19
27 87
28 84
29 17
30 79
31 23
32 96
33 69
34 54
35 66
36 69
37 88
38 19
39 88

4일

96쪽

번호	답	번호	답	번호	답
1	17	7	75	13	28
2	27	8	39	14	88
3	96	9	89	15	45
4	99	10	77	16	19
5	36	11	35	17	47
6	46	12	58	18	68

97쪽

번호	답	번호	답	번호	답
19	57	26	65	33	27
20	39	27	18	34	38
21	36	28	28	35	19
22	64	29	57	36	49
23	54	30	42	37	65
24	98	31	88	38	77
25	75	32	69	39	96

5일

98쪽

번호	답	번호	답
1	15	6	47
2	79	7	28
3	59	8	68
4	39	9	89
5	97	10	67

99쪽

(위에서부터)

번호	답	번호	답
11	26, 27	15	35, 37
12	47, 58	16	47, 49
13	65, 66	17	75, 78
14	85, 89	18	29, 95

생각 수학

100쪽

101쪽

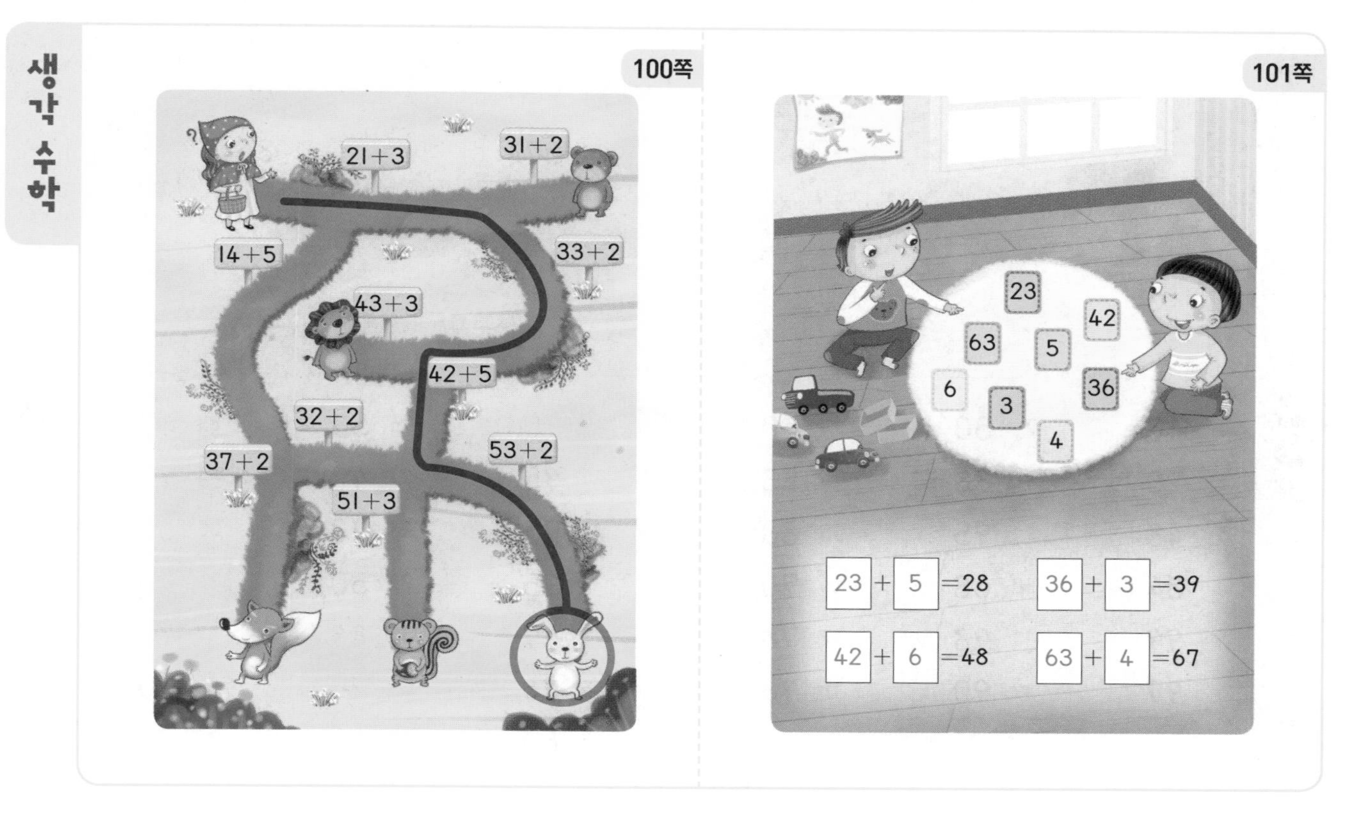

정답 8주 (몇십) + (몇십), (몇십몇) + (몇십몇)

1일

104쪽

1 50
2 70
3 58
4 96
5 89
6 50
7 90
8 94
9 68
10 99
11 70
12 90
13 67
14 85
15 86

105쪽

16 76
17 79
18 70
19 98
20 75
21 68
22 60
23 59
24 87
25 85
26 56
27 89
28 90
29 76
30 66
31 72

2일

106쪽

1 85
2 70
3 36
4 85
5 76
6 30
7 56
8 57
9 56
10 80
11 84
12 97
13 90
14 56
15 89

107쪽

16 70
17 93
18 84
19 47
20 79
21 90
22 77
23 57
24 87
25 29
26 50
27 87
28 49
29 89
30 95
31 86

3일

108쪽

1 48
2 20
3 48
4 84
5 99
6 97
7 50
8 88
9 95
10 68
11 98
12 90
13 69
14 83
15 88
16 70
17 78
18 98

109쪽

19 70
20 95
21 73
22 95
23 67
24 96
25 60
26 58
27 49
28 73
29 50
30 86
31 26
32 60
33 47
34 75
35 86
36 35
37 88
38 90
39 88

4일

110쪽

1	86	7	80	13	76
2	78	8	95	14	87
3	60	9	49	15	49
4	78	10	83	16	90
5	67	11	70	17	96
6	88	12	92	18	68

111쪽

19	78	26	70	33	89
20	40	27	77	34	47
21	97	28	79	35	50
22	57	29	87	36	87
23	69	30	60	37	58
24	48	31	73	38	76
25	76	32	95	39	80

5일

112쪽

1	20 / 30 / 40	4	70 / 80 / 90
2	53 / 77 / 95	5	56 / 78 / 87
3	73 / 86 / 98	6	47 / 68 / 99

113쪽

7	50	12	78
8	75	13	60
9	88	14	67
10	89	15	80
11	86	16	89

생각 수학

114쪽 115쪽

정답 9주 (몇십몇) — (몇)

1일

118쪽

1 11
2 11
3 12
4 20
5 21
6 26
7 31
8 33
9 32
10 44
11 52
12 55
13 61
14 62
15 72

119쪽

16 21
17 62
18 52
19 41
20 32
21 11
22 51
23 91
24 31
25 51
26 12
27 92
28 71
29 43
30 83
31 32
32 33
33 41
34 82
35 11
36 62

2일

120쪽

1 14
2 23
3 31
4 93
5 53
6 71
7 60
8 51
9 71
10 63
11 22
12 44
13 92
14 33
15 92

121쪽

16 11
17 62
18 20
19 22
20 33
21 44
22 91
23 74
24 52
25 12
26 64
27 71
28 73
29 54
30 82
31 43
32 71
33 42
34 51
35 92
36 86

3일

122쪽

1 11
2 71
3 22
4 57
5 31
6 34
7 62
8 41
9 51
10 27
11 94
12 43
13 75
14 15
15 82
16 44
17 22
18 64

123쪽

19 84
20 13
21 21
22 93
23 32
24 53
25 41
26 46
27 62
28 75
29 52
30 31
31 71
32 12
33 63
34 92
35 81
36 82
37 11
38 90
39 24

4일

124쪽

1	15	7	63	13	21
2	11	8	86	14	74
3	75	9	54	15	81
4	21	10	31	16	42
5	95	11	62	17	93
6	51	12	44	18	75

125쪽

19	11	26	41	33	61
20	46	27	52	34	32
21	22	28	93	35	86
22	96	29	83	36	83
23	73	30	62	37	45
24	35	31	12	38	10
25	82	32	73	39	53

5일

126쪽

1	45	6	25
2	14	7	52
3	64	8	73
4	22	9	31
5	87	10	92

127쪽

11	52	16	73
12	31	17	45
13	93	18	13
14	52	19	62
15	24	20	81

생각 수학

128쪽

129쪽

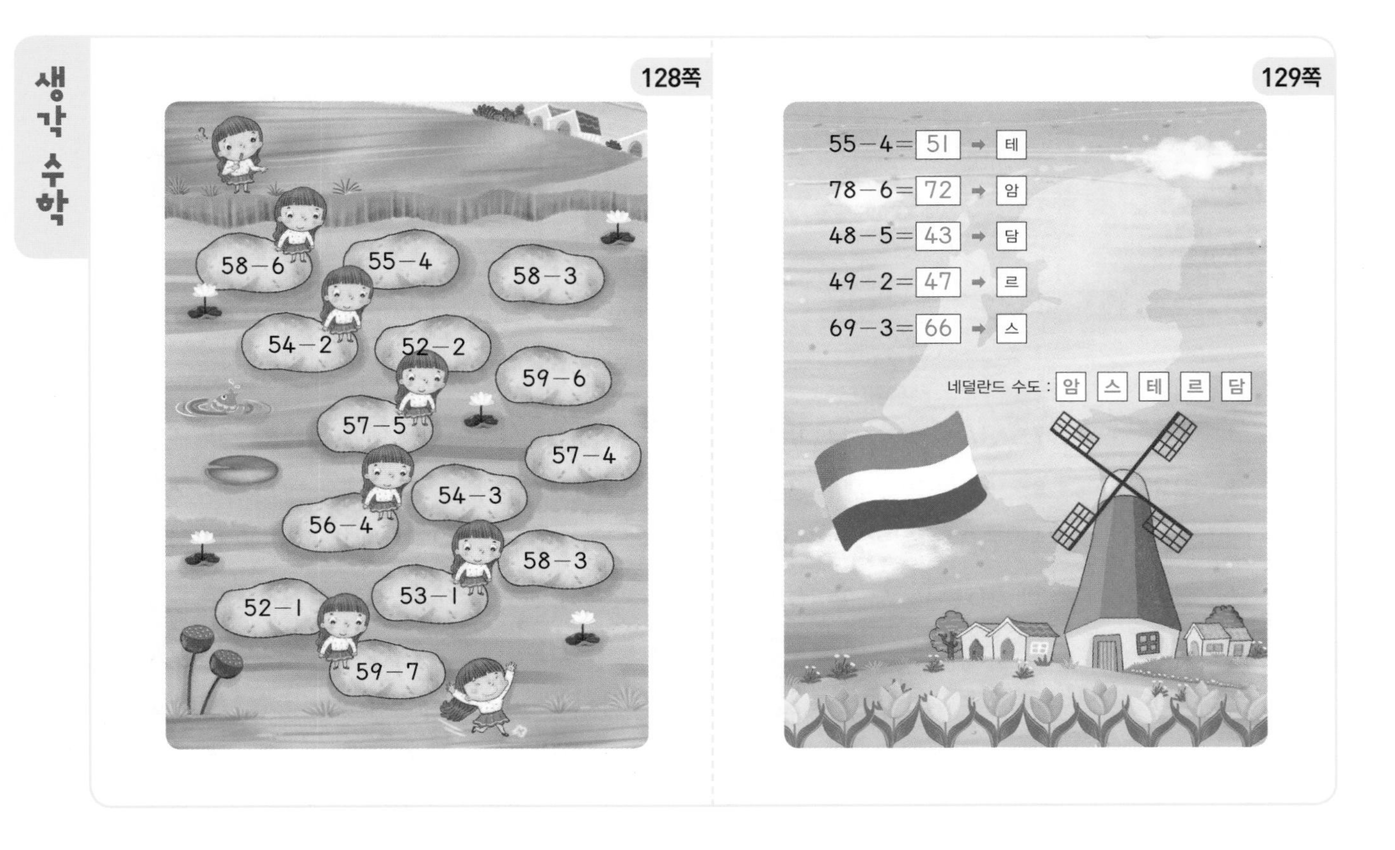

정답 10주 (몇십) − (몇십), (몇십몇) − (몇십몇)

1일

132쪽

1 20
2 12
3 22
4 40
5 15
6 51
7 20
8 13
9 17
10 40
11 23
12 60
13 40
14 55
15 80

133쪽

16 10
17 12
18 23
19 30
20 14
21 30
22 50
23 43
24 26
25 14
26 15
27 50
28 12
29 41
30 30
31 14

2일

134쪽

1 40
2 13
3 20
4 10
5 12
6 42
7 46
8 20
9 32
10 40
11 12
12 40
13 21
14 30
15 23

135쪽

16 13
17 31
18 50
19 16
20 23
21 30
22 50
23 41
24 11
25 21
26 20
27 31
28 15
29 15
30 30
31 25

3일

136쪽

1 13
2 23
3 30
4 22
5 21
6 20
7 34
8 12
9 60
10 16
11 53
12 41
13 70
14 30
15 54
16 66
17 42
18 32

137쪽

19 10
20 21
21 15
22 20
23 32
24 14
25 53
26 11
27 51
28 10
29 32
30 14
31 50
32 16
33 28
34 65
35 22
36 20
37 24
38 15
39 30

4일

138쪽

1	20	7	60	13	24
2	14	8	41	14	70
3	50	9	23	15	51
4	32	10	10	16	30
5	20	11	40	17	22
6	22	12	43	18	31

139쪽

19	12	26	50	33	83
20	32	27	22	34	56
21	36	28	21	35	30
22	11	29	50	36	21
23	30	30	40	37	33
24	66	31	62	38	50
25	23	32	20	39	21

5일

140쪽

1	50	6	51
2	12	7	31
3	14	8	52
4	32	9	17
5	22	10	35

141쪽

11	40 / 60	15	23 / 32
12	21 / 20	16	11 / 23
13	25 / 53	17	40 / 34
14	31 / 15	18	16 / 23

생각 수학

142쪽 143쪽

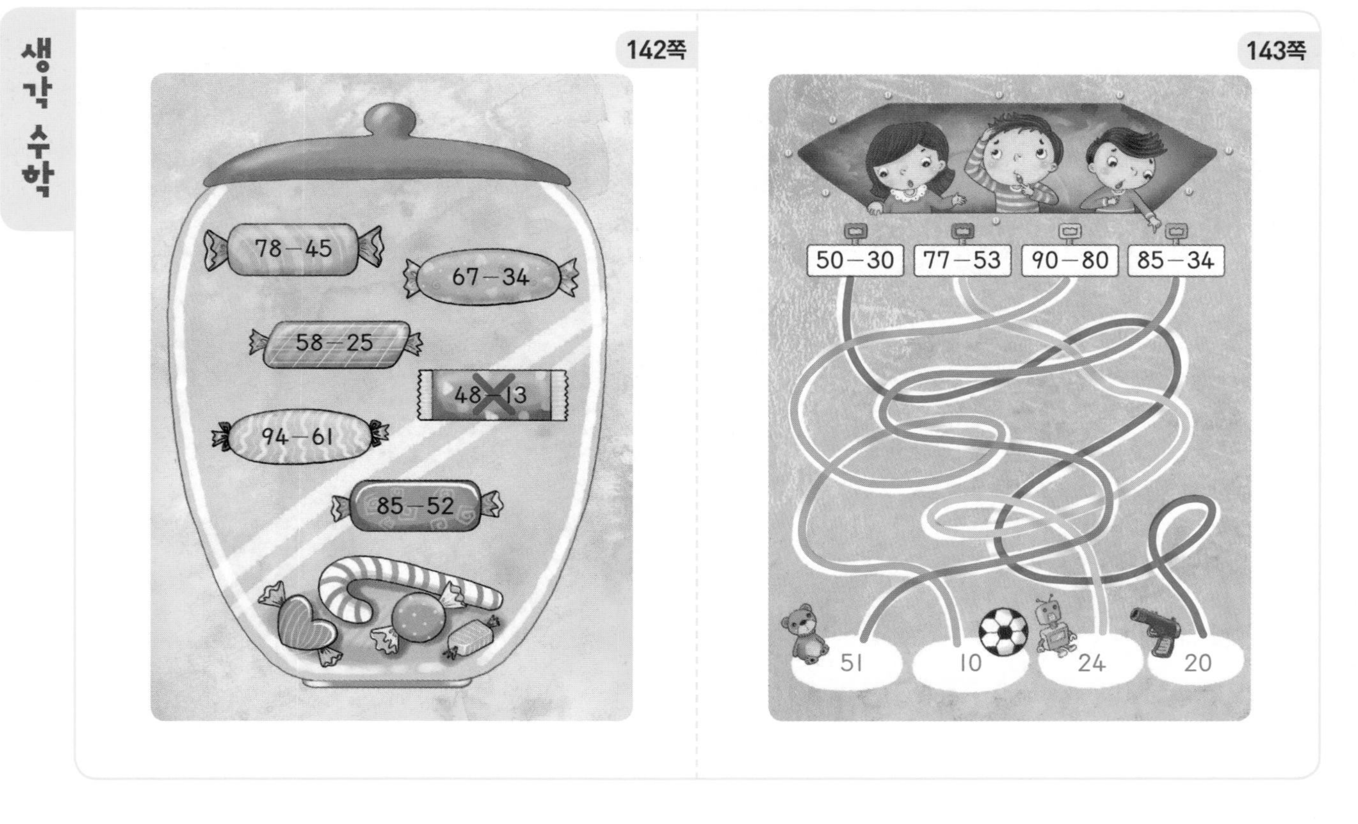

메모

1일 10분 초등 메가 계산력

정답